国家职业技能鉴定考核指导用书——
职业院校职业技能鉴定考核辅导教材

数控车工（高级）

人力资源和社会保障部教材办公室
广东省人力资源和社会保障厅职业技术教研室 组织编写

教材编审人员

主　编：马琰谋　陈俊钊
审　稿：宋小春　宋爱华　张秋琴

中国劳动社会保障出版社

图书在版编目(CIP)数据

数控车工：高级/人力资源和社会保障部教材办公室组织编写. —北京：中国劳动社会保障出版社，2014

国家职业技能鉴定考核指导用书

ISBN 978 - 7 -5167 - 1602 - 1

Ⅰ.①数… Ⅱ.①人… Ⅲ.①数控机床-车床-车削-职业技能-鉴定-教材 Ⅳ.①TG519.1

中国版本图书馆 CIP 数据核字(2015)第 000238 号

中国劳动社会保障出版社出版发行

(北京市惠新东街 1 号　邮政编码：100029)

＊

中国标准出版社秦皇岛印刷厂印刷装订　新华书店经销

787 毫米×1092 毫米　16 开本　14.25 印张　310 千字

2015 年 1 月第 1 版　2021 年 9 月第 5 次印刷

定价：28.00 元

读者服务部电话：(010) 64929211/84209101/64921644

营销中心电话：(010) 64962347

出版社网址：http://www.class.com.cn

前　言

实行职业技能鉴定，推行国家职业资格证书制度，是促进劳动力市场建设和发展的有效措施，关乎广大劳动者和企业发展的切身利益。由人力资源和社会保障部组织开发的职业技能鉴定国家题库网络已经建立，成为各地方职业技能鉴定的依据。近年来职业技能鉴定发展变化较快，广东等省率先采用计算机进行理论知识鉴定考核，其考试难度和范围发生了一些变化。为此，人力资源和社会保障部教材办公室与广东省人力资源和社会保障厅职业技术教研室共同组织有关鉴定专家编写了这套国家职业技能鉴定考核指导用书——职业院校职业技能鉴定考核辅导教材。

本套用书内容紧扣鉴定细目，针对计算机考试试题范围扩大，题库题量增加的情况，提炼大量典型例题，旨在通过强化训练，帮助考生迅速融会贯通知识和技能考点。本套丛书首批涉及汽车修理工、汽车维修电工、维修电工、数控车工、装配钳工5个职业，分别开发中级技能和高级技能两个级别用书。

每本书分为试卷构成及题型介绍、理论知识考试练习和操作技能考核试题三部分。

➤ 试卷构成及题型介绍：讲解理论知识考试试卷构成及题型、操作技能考核试卷构成及考核要求，旨在使考生快速了解考试形式和考核要求。

➤ 理论知识考试练习：对接鉴定题库考核知识点，采用与理论知识考试一致的题型，理论知识练习与模拟试卷实战相结合，通过千余道试题的强化练习，提高考生应试水平。

➤ 操作技能考核试题：涵盖操作技能考核题库常考试题，包括详尽的配分与评分标准以及操作解析，使考生明晰操作技能考核要点，从而顺利通过操作技能考核。

本套用书作为参加职业技能鉴定人员考前强化用书，适用作职业院校职业技能鉴定考核辅导教材，也可供社会化鉴定、行业鉴定以及企业技能人才评价考前培训使用。

本套用书涵盖内容广泛，虽经全体编审人员反复修改，但限于时间和水平，书中难免有不足之处，欢迎各使用单位和个人提出宝贵意见和建议，以使教材日渐完善。

人力资源和社会保障部教材办公室
广东省人力资源和社会保障厅职业技术教研室

目　　录

第一部分 试卷构成及题型介绍

第一节 理论知识考试试卷构成及题型介绍

● 理论知识考试试卷构成和题型

目前，本职业理论知识考试采用标准化试卷，每个级别考试试卷有"单项选择题""多项选择题""判断题"三大类题型。

1. 判断题为正误判断题型，共20题，每题1分，共20分。

2. 单项选择题为"四选一"单选题型，即每道题有四个选项，其中只有一个选项为正确选项，共120题，每题0.5分，共60分。

3. 多项选择题为多选题型，即每道题有五个选项，其中有两个或两个以上选项为正确选项，共40题，每题0.5分，共20分。

● 理论知识答题要求和答题时间

一、答题要求

1. 采用试卷答题时，作答判断题，应根据对试题的分析判断，在括号中画"√"或"×"；作答选择题，应按要求在试题的括号中填写正确选项的字母。

2. 采用答题卡答题时，按要求，直接在答题卡上选择相应的答案处涂色即可。

3. 采用计算机考试时，按要求，点击选定的答案即可。

具体答题要求，在考试前，考评人员会做详细说明。

二、答题时间

按《国家职业技能标准》要求，数控车工理论知识考试时间为120 min。

第二节　操作技能考核试卷构成及考核要求

● 操作技能考核试卷构成

职业技能鉴定国家题库操作技能试卷一般由以下 3 部分内容组成。

1. 操作技能考核准备通知单

操作技能考核准备通知单分为鉴定机构准备通知单和考生准备通知单。在考核前分别发给考核现场和考生。主要规定考核所需场地、设备、材料、工具及其他准备要求。

2. 操作技能考核试卷正文

操作技能考核试卷正文内容为操作技能考核试题，包括试题名称、试题分值、考核时间、考核形式、具体考核要求等。

3. 操作技能考核评分记录表

操作技能考核评分记录表内容为操作技能考核试题配分与评分标准，用于考评员评分记录。主要包括各项考核内容、考核要点、配分与评分标准、否定项及说明、考核分数加权汇总方法等。必要时包括总分表，即记录考生本次操作技能考核所有试题成绩的汇总表。

高级数控车工操作技能考核的内容包括外圆、内孔、槽、圆弧、曲线、螺纹。

● 操作技能考核时间和考核要求

按照《国家职业技能标准》要求，数控车工高级操作技能考核时间为 240 min。

考核要求：

1. 按试卷中具体考核要求利用数控车床进行操作加工。

2. 考生在操作技能考核过程中要遵守考场纪律，执行操作规程，防止出现人身和设备安全事故。

第二部分 理论知识考试练习

一、单项选择题（第1题~第600题）

1. 钢淬火加热温度不够会造成（　　　）。
    A. 氧化　　　　　　　B. 脱碳　　　　　　　C. 硬度偏低　　　　　　　D. 变形
2. 数控系统在工作时，必须将某一坐标方向上所需的位移量转换成（　　　）。
    A. 相应位移量　　　　　　　　　　B. 步距角
    C. 脉冲当量　　　　　　　　　　　D. 脉冲数
3. 程序段"G70 P__Q__;"中"P__"为（　　　）（FANUC系统）。
    A. 精加工路线起始程序段段号　　　B. 精加工路线末程序段段号
    C. X方向精加工预留量　　　　　　D. X方向精加工退刀量
4. G72指令的循环路线与G71指令的不同之处在于它是沿（　　　）方向进行车削循环加工的（华中系统）。
    A. X轴　　　　　B. Z轴　　　　　C. Y轴　　　　　D. C轴
5. （　　　）有助于解决深孔加工时的排屑问题。
    A. 加注切削液到切削区域　　　　　B. 增强刀柄刚度
    C. 采用大的背吃刀量　　　　　　　D. 将工件装夹牢固
6. 主轴的轴向窜动和径向跳动会引起（　　　）。
    A. 机床导轨误差　　　　　　　　　B. 夹具制造误差
    C. 调整误差　　　　　　　　　　　D. 主轴回转运动误差
7. 采用开环伺服系统的机床使用的执行元件是（　　　）。
    A. 直流伺服电动机　　　　　　　　B. 步进电动机
    C. 电液脉冲马达　　　　　　　　　D. 交流伺服电动机
8. （　　　）不能用于定位孔为不通孔的工件。
    A. 自夹紧滚珠心轴　　　　　　　　B. 过盈配合心轴
    C. 间隙配合心轴　　　　　　　　　D. 可胀式心轴
9. 在半闭环系统中，位置反馈量是（　　　）。
    A. 机床的工作台位移　　　　　　　B. 进给电动机角位移
    C. 主轴电动机转角　　　　　　　　D. 主轴电动机转速
10. 千分表比百分表的放大比（　　　），测量精度（　　　）。
    A. 大　高　　　　　　　　　　　　B. 大　低
    C. 小　高　　　　　　　　　　　　D. 小　低
11. 夹具夹紧元件淬硬的接触表面摩擦因数最大的是（　　　）。

3

  A. 沿主切削力方向有齿纹　　　　B. 在垂直于主切削力方向有齿纹

  C. 有相互垂直的齿纹　　　　　　D. 有网状齿纹

12. 减小毛坯误差的办法是（　　）。

  A. 粗化毛坯并增大毛坯的几何误差

  B. 增大毛坯的几何误差

  C. 精化毛坯

  D. 增加毛坯的余量

13. 试车削工件后测量尺寸，发现存在少量误差时应（　　）。

  A. 调整刀具　　　　　　　　　　B. 修改程序

  C. 修磨刀具　　　　　　　　　　D. 修改刀具磨耗补偿值

14. 与滑动螺旋机构相比，滚动螺旋机构的一个主要优点是（　　）。

  A. 工作连续、平稳　　　　　　　B. 承载能力大

  C. 定位精度高　　　　　　　　　D. 易于自锁

15. 中温回火主要适用于（　　）。

  A. 各种刀具　　　　　　　　　　B. 各种弹簧

  C. 各种轴　　　　　　　　　　　D. 高强度螺栓

16. 局域网内设备线缆接头的规格是（　　）。

  A. RG－8　　　B. RG－58　　　C. RG－62　　　　　　D. RJ－45

17. 在运算指令中，形式为#i＝SQRT［#j］的函数表示的意义是（　　）（FANUC系统、华中系统）。

  A. 矩阵　　　　B. 数列　　　　C. 平方根　　　　　　D. 条件求和

18. 使用机械夹固式车刀进行车削加工，其前角取决于（　　）。

  A. 刀片在刀柄上的安装角度　　　B. 刀柄形式

  C. 刀片形状　　　　　　　　　　D. 车刀在刀架上的位置

19. 要实现一台或多台计算机主机与多台数控机床通信，应采用（　　）。

  A. RS232C 通信接口　　　　　　B. 计算机局域网

  C. RS422 通信接口　　　　　　　D. 现场总线

20. 机床液压系统压力过高或过低可能是因为（　　）所造成的。

  A. 油量不足　　　　　　　　　　B. 压力设定不当

  C. 油黏度过高　　　　　　　　　D. 油中混有空气

21. 进给机构噪声大的原因是（　　）。

  A. 滚珠丝杠的预紧力过大　　　　B. 电动机与丝杠联轴器松动

  C. 导轨镶条与导轨间隙调整过小　D. 导轨面直线度超差

22. 车不锈钢选择切削用量时，应选择（　　）。

  A. 较大的 v、f　　　　　　　　B. 较小的 v、f

  C. 较大的 v、较小的 f　　　　　D. 较小的 v、较大的 f

23. 在加工阶段划分中，保证各主要表面达到成品图样所规定的技术要求的是（　　）阶段。

A. 精加工   B. 光整加工

C. 粗加工   D. 半精加工

24. 下列关于创新的论述正确的是（   ）。

     A. 创新与继承根本对立   B. 创新就是独立自主

     C. 创新是民族进步的灵魂   D. 创新不需要引进国外新技术

25. 宏程序中大于或等于的运算符为（   ）（SIEMENS 系统）。

     A. = =   B. <   C. < >   D. > =

26. 在数控机床上车削螺纹，螺纹的旋向由（   ）决定。

     A. 进给方向和主轴转向   B. 加工螺纹的 G 功能

     C. 刀具   D. 加工螺纹的固定循环指令

27. 枪孔钻的排屑性能比麻花钻（   ）。

     A. 好   B. 差

     C. 相同   D. 不适宜于深孔加工

28. （   ）在所有的数控车床上都能使用。

     A. 用 C 轴作圆周分线   B. 在 G 功能中加入圆周分线参数

     C. 轴向分线   D. 不存在任何一种分线方法

29. 数控车床中的 G41、G42 指令是对（   ）进行补偿。

     A. 刀具的几何长度   B. 刀具的刀尖圆弧半径

     C. 刀柄的半径   D. 刀具的位置

30. 在螺旋机构中，机架固定而螺母向机架做相对运动的是（   ）。

     A. 螺杆固定的单螺旋机构   B. 螺母固定的单螺旋机构

     C. 差动双螺旋机构   D. 复式双螺旋机构

31. 国家标准规定，对于一定的基本尺寸，其标准公差共有（   ）个等级。

     A. 10   B. 18   C. 20   D. 28

32. 切削用量中，对切削刀具磨损影响最大的是（   ）。

     A. 背吃刀量   B. 进给量

     C. 切削速度   D. 以上选项都不正确

33. 球墨铸铁的牌号由（   ）及后面的两组数字组成。

     A. HT   B. QT   C. KTH   D. RuT

34. 复合螺纹加工指令中两侧交替切削法与单侧切削法在效果上的区别是（   ）。

     A. 加工效率   B. 螺纹尺寸精度

     C. 改善刀具寿命   D. 螺纹表面质量

35. 对于一个平面加工尺寸，如果上道工序的尺寸最大值为 H_{amax}，最小值为 H_{amin}；本工序的尺寸最大值为 H_{bmax}，最小值为 H_{bmin}，那么，本工序的最大加工余量 $Z_{max} =$（   ）。

     A. $H_{amax} - H_{bmax}$ B. $H_{amax} - H_{bmin}$

     C. $H_{amin} - H_{bmax}$ D. $H_{amin} - H_{bmin}$

36. 机床电气控制电路中的主要元件有（   ）。

     A. 电动机   B. 指示灯   C. 熔断器   D. 接线架

37. DNC 采用计算机局域网技术的最大优点是（　　　）。
   A. 传输速度加快　　　　　　　　B. 克服了点对点传送的限制
   C. 实现远距离传送　　　　　　　D. 可靠性较好

38. 在 FANUC 系统中，单一固定循环是将一个固定循环（如切入→切削→退刀→返回四个程序段）用（　　　）指令简化为一个程序段。
   A. G90　　　　B. G54　　　　C. G30　　　　D. G80

39. 下列措施中（　　　）会减小切削时需要的功率。
   A. 增大进给量　　　　　　　　　B. 增大背吃刀量
   C. 降低切削速度　　　　　　　　D. 增大前角

40. 选择精基准时，应尽可能选用（　　　）作为定位基准，以避免其不重合而引起的误差。
   A. 设计基准　　　　　　　　　　B. 装配基准
   C. 前工序的工序基准　　　　　　D. 测量基准

41. 华中数控车系统中 G80 是（　　　）指令。
   A. 增量编程　　　　　　　　　　B. 圆柱或圆锥面车削循环
   C. 螺纹车削循环　　　　　　　　D. 端面车削循环

42. 可转位车刀刀柄的参数中与刀架有关的参数是（　　　）。
   A. 刀柄长度　　　　　　　　　　B. 刀柄高度
   C. 刀柄宽度　　　　　　　　　　D. 刀柄方向

43. 程序段"N25 G90 X60.0 Z-35.0 R-5.0 F0.1;"所加工的锥面大、小端半径差为（　　　）mm，加工方向为圆锥（　　　）（FANUC 系统）。
   A. 5；小端到大端　　　　　　　B. 5；大端到小端
   C. 2.5；小端到大端　　　　　　D. 2.5；大端到小端

44. 螺纹连接时用止动垫片防松属于（　　　）防松。
   A. 增大摩擦力　　　　　　　　　B. 使用机械结构
   C. 冲边　　　　　　　　　　　　D. 黏结

45. 精加工循环指令 G70 的格式是（　　　）（FANUC 系统）。
   A. G70 X __ Z __ F __;　　　　B. G70 U __ R __;
   C. G70 U __ W __;　　　　　　D. G70 P __ Q __;

46. 若 R4、R6 表示的是加工点的 X、Z 坐标，则描述其 X 和 Z 向运动关系的宏程序段"R6 = SQRT {2 * R2 * R4};"所描述的加工路线是（　　　）（SIEMENS 系统）。
   A. 圆弧　　　　B. 椭圆　　　　C. 抛物线　　　　D. 双曲线

47. 用四爪单动卡盘装夹、车削偏心工件适用于（　　　）的生产要求。
   A. 单件、小批量　　　　　　　　B. 精度要求高
   C. 形状简单　　　　　　　　　　D. 偏心距较小

48. 为解决车削细长轴过程中工件受热伸长引起的问题，应使用（　　　）。
   A. 双支承跟刀架
   B. 前、后两个刀架，装两把刀同时切削

C. 三支承跟刀架

D. 弹性顶尖

49. 采用轴向分线法车削 M48 × P_h6P2 的螺纹，第二条螺旋线的起点相对第一条螺旋线应该在轴向平移（　　）mm。

A. 2　　　　　　　B. 3　　　　　　　C. 4　　　　　　　D. 0

50. 程序段"G81 X ＿ Z ＿ K ＿ F ＿;"中"X ＿ Z ＿"定义的是此程序段的（　　）（华中系统）。

A. 循环终点坐标　　　　　　　　B. 循环起点坐标

C. 切削终点坐标　　　　　　　　D. 切削起点坐标

51. 下列材料中最难切削加工的是（　　）。

A. 铝和铜　　　　　　　　　　　B. 45 钢

C. 合金结构钢　　　　　　　　　D. 耐热钢

52. 程序段"G73 U(Δi) W(Δk) R(d); G73 P(ns) Q(nf) U(Δu) W(Δw) F(f) S(s) T(t);"中的 d 表示（　　）（FANUC 系统）。

A. 加工余量　　　　　　　　　　B. 粗加工循环次数

C. Z 方向退刀量　　　　　　　　D. 粗、精加工循环次数

53. CAM 系统中的加工模拟无法检查（　　）。

A. 加工过程中是否存在刀具干涉　　　B. 刀具轨迹是否正确

C. 有无遗漏加工部位　　　　　　　　D. G 代码程序

54. 在运算指令中，形式为 Ri = COS（Rj）的函数表示的意义是（　　）（SIEMENS 系统）。

A. 正弦　　　　　　B. 余弦　　　　　　C. 反正弦　　　　　　D. 反余弦

55. 具有互换性的零件应是（　　）。

A. 相同规格的零件　　　　　　　B. 不同规格的零件

C. 相互配合的零件　　　　　　　D. 加工尺寸完全相同的零件

56. 进给运动中出现抖动现象的原因可能是（　　）。

A. 滚珠丝杠的预紧力过大　　　　　B. 滚珠丝杠间隙增大

C. 丝杠轴线与导轨不平行　　　　　D. 导轨面刮伤

57. 为了改善用复合螺纹加工指令车削螺纹的表面质量，应采取的措施是（　　　）。

A. 修改主轴转速

B. 改变刀具

C. 把刀尖角参数设置成比实际刀尖角小

D. 减小背吃刀量

58. 某一表面在某一道工序中所切除的金属层深度称为（　　）。

A. 加工余量　　　　　　　　　　B. 背吃刀量

C. 工序余量　　　　　　　　　　D. 总余量

59. 加工高硬度淬火钢、冷硬铸铁和高温合金材料应选用（　　）刀具。

A. 陶瓷　　　　　　　　　　　　B. 金刚石

C. 立方氮化硼   D. 高速钢

60. 热继电器是通过测量（ ）而动作的。
    A. 电器工作温度   B. 工作电流大小
    C. 工作电压   D. 元件温度

61. 数控加工刀具轨迹检验一般不采用（ ）。
    A. 数控系统的图形显示   B. CAM 软件中的刀具轨迹模拟
    C. 数控仿真软件   D. 试件加工

62. G74 指令是沿（ ）方向进行钻削循环加工的（FANUC 系统）。
    A. X 轴   B. Z 轴   C. Y 轴   D. C 轴

63. 检查数控机床几何精度时，首先应进行（ ）。
    A. 坐标精度的检测   B. 连续空运行试验
    C. 切削精度的检测   D. 安装水平的检查与调整

64. 在斜床身数控车床上加工外圆右旋螺纹，当螺纹刀面朝上安装时，主轴与走刀路线的关系是（ ）。
    A. 主轴正转，从左向右切削   B. 主轴反转，从左向右切削
    C. 主轴正转，从右向左切削   D. 主轴反转，从右向左切削

65. 程序段"N10 R1 = 30 R2 = 32 R3 = 50 R4 = 20；N20 G00 X = R2 * SIN(R1) + R4 Z = R2 * COS(R1) + R3；"中，只对 X 坐标值有影响的 R 参数是（ ）（SIEMENS 系统）。
    A. R1   B. R2   C. R3   D. R4

66. 钢材的表面淬火适用于（ ）。
    A. 中碳钢   B. 高碳钢   C. 低碳钢   D. 不锈钢

67. 高温合金是指（ ）。
    A. 切削中将产生高温的合金   B. 材料将工作在高温环境中
    C. 材料通过高温生产   D. 材料经过高温热处理

68. 在运算指令中，形式为#i = FIX［#j］的函数表示的意义是（ ）（FANUC 系统）。
    A. 对数   B. 舍去小数点
    C. 上取整   D. 非负数

69. 国家标准规定，对于一定的基本尺寸，其标准公差共有 20 个等级，IT18 表示（ ）。
    A. 精度最高，公差值最小   B. 精度最低，公差值最大
    C. 精度最高，公差值最大   D. 精度最低，公差值最小

70. 下列零件材料中不可焊接的是（ ）。
    A. 铝合金   B. 铜合金   C. 钢材   D. 灰铸铁

71. 数控加工工艺特别强调定位加工，所以在加工时应采用（ ）的原则。
    A. 互为基准   B. 自为基准
    C. 基准统一   D. 无法判断

72. 采用（ ）可在较大夹紧力时减小薄壁零件的变形。
    A. 开缝套筒　　　　　　　　　　B. 辅助支承
    C. 卡盘　　　　　　　　　　　　D. 软卡爪

73. 越靠近传动链末端的传动件，其传动误差对加工精度的影响（ ）。
    A. 越小　　　　B. 不确定　　　　C. 越大　　　　D. 无影响

74. 安全文化的核心是树立（ ）的价值观念，真正做到"安全第一，预防为主"。
    A. 以产品质量为主　　　　　　　B. 以经济效益为主
    C. 以人为本　　　　　　　　　　D. 以管理为主

75. 在检修交流接触器时发现其短路环损坏，则该接触器（ ）使用。
    A. 能继续　　　　　　　　　　　B. 不能继续
    C. 在额定电流下可以　　　　　　D. 不影响

76. 正弦函数运算中的角度单位是（ ）（FANUC 系统、华中系统）。
    A. 弧度　　　　B. 度　　　　C. 分　　　　D. 秒

77. （ ）建模最简便，且能满足数控车削零件编程的需要。
    A. 线框模型　　　　　　　　　　B. 面模型
    C. 实体模型　　　　　　　　　　D. 特征模型

78. 曲轴零件图主要采用一个基本视图——主视图、（ ）和两个断面图组成。
    A. 全剖视图　　　　　　　　　　B. 旋转剖视图
    C. 半剖视图　　　　　　　　　　D. 局部剖视图

79. 尺寸链中封闭环为 L_0，增环为 L_1，减环为 L_2，则增环的基本尺寸为（ ）。
    A. $L_1 = L_0 + L_2$　　　　　　B. $L_1 = L_0 - L_2$
    C. $L_1 = L_2 - L_0$　　　　　　D. $L_1 = L_2$

80. CYCLE97 指令主要用于（ ），以简化编程（SIEMENS 系统）。
    A. 车槽　　　　　　　　　　　　B. 钻孔
    C. 端面的加工　　　　　　　　　D. 螺纹的加工

81. 为了提高大前角刀具切削刃的强度，可以（ ）。
    A. 采用负的刃倾角　　　　　　　B. 修磨过渡刃
    C. 磨出倒棱　　　　　　　　　　D. 增大副偏角

82. 西门子 802D 系统允许的子程序嵌套深度是（ ）。
    A. 一　　　　B. 二　　　　C. 四　　　　D. 八

83. 机械零件的使用性能主要是（ ）。
    A. 物理性能　　B. 化学性能　　C. 力学性能　　D. 经济性

84. 切削用量三个参数中对刀具耐用度影响最大的是（ ）。
    A. 背吃刀量　　　　　　　　　　B. 切削速度
    C. 进给速度　　　　　　　　　　D. 不能确定，是随机状态

85. 车刀修磨出过渡刃是为了（ ）。
    A. 断屑　　　　　　　　　　　　B. 延长刀具寿命

C. 增加刀具刚度   D. 控制切屑流向

86. 车削细长轴时，为了避免振动，车刀的主偏角应取（　　）。

     A. 85°～95°   B. 75°～85°   C. 45°～75°   D. 30°～45°

87. 涂层刀具较好地解决了刀具材料的耐磨性与（　　）的矛盾。

     A. 强度   B. 硬度   C. 粗糙度   D. 粒度

88. RS232 接口又称（　　）。

     A. 网络接口   B. 串行接口

     C. RJ45   D. 并行接口

89. 程序段 "N20 CYCLE93 (35, 60, 30, 25, 5, 10, 20, 0, 0, −2, −2, 1, 1, 10, 1, 5);" 中，Z 方向的起点坐标指定为（　　）（SIEMENS 系统）。

     A. 60   B. 25   C. 1   D. 10

90. 异步电动机对称三相绕组在空间位置上应彼此相差（　　）电角度。

     A. 60°   B. 120°   C. 180°   D. 360°

91. 车孔的关键技术是刀具的刚度、冷却和（　　）问题。

     A. 振动   B. 工件装夹

     C. 排屑   D. 切削用量的选择

92. 程序段 "G73 U(Δi) W(Δk) R(r) P(ns) Q(nf) X(Δx) Z(Δz) F(f) S(s) T(t);" 中，（　　）表示 X 轴方向上的精加工余量（华中系统）。

     A. Δz B. Δx C. ns D. nf

93. 在运算指令中，形式为 #i = SIGN [#j] 的函数表示的意义是（　　）（华中系统）。

     A. 自然对数   B. 取符号   C. 指数   D. 取整

94. 当切削温度很高时，工件材料和刀具材料中的某些化学元素发生变化，改变了材料成分和结构，导致刀具磨损，这种磨损称为（　　）。

     A. 磨粒磨损   B. 冷焊磨损

     C. 扩散磨损   D. 氧化磨损

95. 子程序 "N50 M98 P __ L __;" 中，（　　）为重复调用子程序的次数。若其省略，则表示只调用一次子程序（FANUC 系统、华中系统）。

     A. N50   B. M98

     C. P 后面的数字   D. L 后面的数字

96. （　　）是由于工艺系统没有调整到正确位置而产生的加工误差。

     A. 测量误差   B. 夹具制造误差

     C. 调整误差   D. 加工原理误差

97. R 参数编程是指所编写的程序中含有（　　）（SIEMENS 系统）。

     A. 子程序   B. R 变量参数

     C. 循环程序   D. 常量

98. G81 循环切削过程按顺序分为四个步骤，其中第（　　）步是按进给速度进给（华中系统）。

A. 1、2   B. 2、3   C. 3、4   D. 1、4

99. 复合循环指令 "G71 U(Δd) R(E)；G71 P(ns) Q(nf) U(Δu) W(Δw)；" 中的 Δd 表示（   ）（FANUC 系统）。

     A. 总余量   B. X 方向精加工余量

     C. 单边吃刀深度   D. 退刀量

100. 程序段 "G74 R(e)；G74 X(U)_Z(W)_P(Δi) Q(Δk) R(Δd) F(f)；" 中的 e 表示（   ）（FANUC 系统）。

     A. 总加工余量   B. 加工循环次数

     C. 每次 Z 方向退刀量   D. 每次钻削长度

101. 相配合的孔与轴尺寸的（   ）为正值时称为间隙配合。

     A. 商   B. 平均值   C. 代数差   D. 算术和

102. 装配图中的传动带用（   ）画出。

     A. 实线   B. 虚线

     C. 网格线   D. 粗点画线

103. 职业道德主要通过（   ）的关系增强企业的凝聚力。

     A. 调节企业与市场   B. 调节市场之间

     C. 协调职工与企业   D. 协调企业与消费者

104. 西门子数控系统中可实现调用 3 次子程序 L128 的是（   ）。

     A. L3128   B. L128 P3

     C. L030128   D. L0128 O3

105. 表面粗糙度对零件使用性能的影响不包括（   ）。

     A. 对配合性质的影响   B. 对摩擦、磨损的影响

     C. 对零件耐腐蚀性的影响   D. 对零件塑性的影响

106. 封闭环的公差（   ）各组成环的公差。

     A. 大于   B. 大于或等于

     C. 小于   D. 小于或等于

107. 在宏程序变量表达式中运算次序优先的是（   ）（SIEMENS 系统）。

     A. 乘和除运算   B. 括号内的运算

     C. 函数   D. 加和减运算

108. 程序段 "N20 CYCLE95（"KONTUR", 5, 1.2, 0.6,, 0.2, 0.1, 0.2, 9,,, 0.5）；" 中，KONTUR 为（   ）（SIEMENS 系统）。

     A. 加工类型   B. X 方向精加工余量

     C. 轮廓子程序名   D. 进给速度

109. 普通螺纹的中径可以用（   ）测量。

     A. 螺纹千分尺   B. 螺距规

     C. 外径千分尺   D. 百分表

110. 铰孔的特点之一是不能纠正孔的（   ）。

     A. 表面粗糙度   B. 尺寸精度

C. 形状精度　　　　　　　　　　D. 位置精度

111. 工件在加工过程中，因受力变形、受热变形而引起种种误差，这类原始误差关系称为工艺系统（　　）。

　　A. 动态误差　　　　　　　　　　B. 安装误差

　　C. 调和误差　　　　　　　　　　D. 逻辑误差

112. 企业诚实守信的内在要求是（　　）。

　　A. 维护企业信誉　　　　　　　　B. 增加职工福利

　　C. 注重经济效益　　　　　　　　D. 开展员工培训

113. 下列指令中属于复合切削循环指令的是（　　）（FANUC 系统）。

　　A. G92　　　　　B. G71　　　　　C. G90　　　　　　D. G32

114. 在运算指令中，形式为#i = TAN［#j］的函数表示的意义是（　　）（FANUC 系统、华中系统）。

　　A. 误差　　　　B. 对数　　　　　C. 正切　　　　　D. 余切

115. 在一定的设备条件下，以（　　），按生产计划的规定，生产出合格的产品是制定工艺规程应遵循的原则。

　　A. 最好的工作条件和生产条件　　B. 最低的成本费用和最少工时

　　C. 最少的劳动消耗和最高效率　　D. 最少的劳动消耗和最低的成本费用

116. 刃磨硬质合金刀具应选用（　　）砂轮。

　　A. 白刚玉　　　　　　　　　　　B. 单晶刚玉

　　C. 绿碳化硅　　　　　　　　　　D. 立方氮化硼

117. 在螺纹标记 M24×1.5—5g6g 中，5g 表示（　　）公差带代号。

　　A. 大径　　　　　　　　　　　　B. 中径

　　C. 小径　　　　　　　　　　　　D. 螺距

118. 常用的夹紧装置有（　　）夹紧装置、楔块夹紧装置和偏心夹紧装置等。

　　A. 螺旋　　　　　　　　　　　　B. 螺母

　　C. 蜗杆　　　　　　　　　　　　D. 专用

119. 选择数控机床的精度等级应根据被加工工件（　　）的要求来确定。

　　A. 关键部位加工精度　　　　　　B. 一般精度

　　C. 长度　　　　　　　　　　　　D. 外径

120. 在程序段 "G72 W(Δd) R(e)；G72 P(ns) Q(nf) U(Δu) W(Δw) F(f) S(s) T(t)；" 中，（　　）表示精加工路径的第一个程序段顺序号（FANUC 系统）。

　　A. Δw　　　　B. ns　　　　　C. Δu　　　　　D. nf

121. 喷吸钻为（　　）结构。

　　A. 外排屑单刃　　　　　　　　　B. 外排屑多刃

　　C. 内排屑单刃　　　　　　　　　D. 内排屑多刃

122. 子程序是不能脱离（　　）而单独运行的（FANUC 系统、华中系统）。

　　A. 主程序　　　　　　　　　　　B. 宏程序

　　C. 单一循环程序　　　　　　　　D. 多重复合循环程序

123. 金属材料在（ ）作用下抵抗塑性变形或断裂的能力称为强度。
  A. 冲击载荷　　　　　　　　　　　B. 交变载荷
  C. 静载荷　　　　　　　　　　　　D. 高压

124. 在 FANUC 系统中，G71 指令是以其程序段中指定的背吃刀量沿平行于（ ）的方向进行多重切削加工的。
  A. X 轴　　　　B. Z 轴　　　　C. Y 轴　　　　D. C 轴

125. 液压卡盘必须处于（ ）状态才能启动主轴。
  A. 工作　　　　B. 静止　　　　C. 夹紧　　　　D. JOG

126. 工序尺寸公差一般按该工序的（ ）来选定。
  A. 经济加工精度　　　　　　　　　B. 最高加工精度
  C. 最低加工精度　　　　　　　　　D. 平均加工精度

127. CYCLE93 指令可以完成（ ）循环加工（SIEMENS 系统）。
  A. 钻孔　　　　　　　　　　　　　B. 外圆表面
  C. 车槽　　　　　　　　　　　　　D. 螺纹

128. （ ）能提高钢的韧性，使工件具有较好的综合力学性能。
  A. 淬火　　　　　　　　　　　　　B. 正火
  C. 退火　　　　　　　　　　　　　D. 回火

129. 下列 CNC 系统的各项误差中，（ ）是不可以用软件进行误差补偿，以提高定位精度的。
  A. 由摩擦力变动引起的误差　　　　B. 螺距累积误差
  C. 机械传动间隙　　　　　　　　　D. 机械传动元件的制造误差

130. 数控机床切削精度检验（ ）对机床几何精度和定位精度的一项综合检验。
  A. 又称静态精度检验，是在切削加工条件下
  B. 又称静态精度检验，是在空载条件下
  C. 又称动态精度检验，是在切削加工条件下
  D. 又称动态精度检验，是在空载条件下

131. 下列运算符中含义是小于、小于或等于的是（ ）（FANUC 系统、华中系统）。
  A. LT、LE　　　　B. GT、LT　　　　C. GE、LE　　　　D. NE、LE

132. 测量法向齿厚时，先把齿高卡尺调整到（ ）尺寸，同时使齿厚卡尺的测量面与齿侧平行，这时齿厚卡尺测得的尺寸就是法向齿厚的实际尺寸。
  A. 齿顶高　　　　　　　　　　　　B. 全齿高
  C. 牙高　　　　　　　　　　　　　D. 实际

133. 测量工件表面粗糙度值时选择（ ）。
  A. 游标卡尺　　　　　　　　　　　B. 量块
  C. 塞尺　　　　　　　　　　　　　D. 干涉显微镜

134. 程序段"G94 X35 Z - 6 K3 F0.2;"用于循环车削（ ）（FANUC 系统）。

A. 外圆　　　　　　　　　　　　B. 斜端面

C. 内孔　　　　　　　　　　　　D. 螺纹

135. 数控机床伺服系统以（　　）为控制目标。

A. 加工精度　　　　　　　　　　B. 位移量和速度量

C. 切削力　　　　　　　　　　　D. 切削速度

136. 刃磨常用钨系高速钢和钼系高速钢可选用（　　）砂轮。

A. 白刚玉　　　　　　　　　　　B. 单晶刚玉

C. 绿碳化硅　　　　　　　　　　D. 锆刚玉

137. 数控机床维护操作规程不包括（　　）。

A. 机床操作规程　　　　　　　　B. 工时的核算

C. 设备运行中的巡回检查　　　　D. 设备日常保养

138. 使用百分表测量时，应使测杆（　　）零件被测表面。

A. 垂直于　　　　　　　　　　　B. 平行于

C. 倾斜于　　　　　　　　　　　D. 任意放置于

139. 刀具磨损过程分为（　　）个阶段。

A. 2　　　　　B. 3　　　　　C. 4　　　　　D. 5

140. 影响梯形螺纹配合性质的主要尺寸是螺纹的（　　）。

A. 大径　　　　　B. 中径　　　　　C. 小径　　　　　D. 牙型角

141. 尺寸链组成环中，由于该环增大而封闭环随之增大的环称为（　　）。

A. 增环　　　　　B. 闭环　　　　　C. 减环　　　　　D. 间接环

142. 在华中系统中，（　　）指令是端面粗加工循环指令。

A. G70　　　　　B. G71　　　　　C. G72　　　　　D. G73

143. 组合夹具的最大特点是（　　）。

A. 夹具精度高　　　　　　　　　B. 夹具刚度高

C. 使用方便　　　　　　　　　　D. 可根据需要组装

144. 在切削用量三要素中，（　　）对切削温度的影响最大。

A. 背吃刀量　　　　　　　　　　B. 每齿进给量

C. 切削速度　　　　　　　　　　D. 进给量

145. 对于直径相差较大的台阶轴和比较重要的轴，其毛坯一般选用（　　）。

A. 铸件　　　　　B. 锻件　　　　　C. 型材　　　　　D. 冷冲压件

146. 下列 R 参数引用段中正确的引用格式为（　　）（SIEMENS 系统）。

A. G01 X = R1 + R2 F = R3　　　B. G01 XR1 + R2 FR3

C. G01 X [1 + R2] F [R3]　　　D. G01 ZR − 1 FR3

147. （　　）是职业道德修养的前提。

A. 学习先进人物的优秀品质　　　B. 确立正确的人生观

C. 培养自己良好的行为习惯　　　D. 增强自律性

148. 下列有助于提高工件刚度的措施是（　　）。

A. 改变刀具角度　　　　　　　　B. 使用前后两个刀架，装两把刀同时切削

C. 采用反向走刀　　　　　　　　D. 使用弹性顶尖

149. 以下管接头中（　　）只能用于 8 MPa 以下的中、低压。
　　　A. 卡套式　　　　　　　　　　B. 橡胶软管接头
　　　C. 扩口式　　　　　　　　　　D. 焊接式

150. 要求彼此间有相对运动精度和耐磨性要求的平面是（　　）。
　　　A. 工作台面　　　　　　　　　B. 导轨面
　　　C. 法兰面　　　　　　　　　　D. 水平方向的基准面

151. 为防止液压油的可压缩性增大，在液压系统内要防止（　　）。
　　　A. 工作温度升高　　　　　　　B. 其他油液混入
　　　C. 空气混入　　　　　　　　　D. 泄漏

152. 运算表达式"#1 = #2 + #3 * SIN［#4］– 8;"按运算次序首先是（　　）（FANUC 系统、华中系统）。
　　　A. #2 + #3　　　　　　　　　B. #3 * SIN［#4］
　　　C. SIN［#4］　　　　　　　　D. SIN［#4］– 8

153. 可转位车刀符号中刀片装夹符号"C"表示（　　）。
　　　A. 顶面夹紧　　　　　　　　　B. 顶面和孔夹紧
　　　C. 孔夹紧　　　　　　　　　　D. 螺钉夹紧

154. 直轴是按轴的（　　）分类。
　　　A. 材料　　　　B. 结构　　　　C. 承载　　　　　D. 尺寸规格

155. CAD/CAM 中 STEP 标准用于（　　）转换。
　　　A. 线框模型　　　　　　　　　B. 面模型
　　　C. 实体模型　　　　　　　　　D. 特征模型

156. 在尺寸链中，尺寸链最短原则是（　　）。
　　　A. 尽可能减少增环的环数　　　B. 尽可能减少减环的环数
　　　C. 尽可能减少组成环的环数　　D. 尽可能减小封闭环的尺寸

157. 用两顶尖装夹工件时，可限制（　　）自由度。
　　　A. 三个移动、三个转动　　　　B. 三个移动、两个转动
　　　C. 两个移动、三个转动　　　　D. 两个移动、两个转动

158. 可转位车刀符号中刀片装夹符号"S"表示（　　）。
　　　A. 上压式　　　　　　　　　　B. 杠杆式
　　　C. 螺钉压紧　　　　　　　　　D. 螺钉和上压式

159. "GOTOF MARKE1；…；MARKE1：…；"是（　　）（SIEMENS 系统）。
　　　A. 赋值语句　　　　　　　　　B. 条件跳转语句
　　　C. 循环语句　　　　　　　　　D. 无条件跳转语句

160. 当孔的公差带位于轴的公差带之上时，轴与孔装配在一起必定是（　　）。
　　　A. 间隙配合　　　　　　　　　B. 过盈配合
　　　C. 过渡配合　　　　　　　　　D. 以上选项都有可能

161. 采用电化学腐蚀方法去除工件材料的加工方法是（　　）。

A. 电火花加工 B. 超声波加工
C. 激光加工 D. 电解加工

162. 子程序的最后一个程序段为（　　）时，命令子程序结束并返回主程序（SIEMENS 系统）。

    A. M00　　　　B. M01　　　　C. M02　　　　D. M03

163. 在等精度精密测量中多次重复测量同一量值是为了减小（　　）。
    A. 系统误差 B. 随机误差
    C. 粗大误差 D. 绝对误差

164. 对切削力影响最大的是（　　）。
    A. 工件材料 B. 背吃刀量
    C. 刀具角度 D. 切削速度

165. 金属的抗拉强度用符号（　　）表示。
    A. σ_s　　　　B. σ_e　　　　C. σ_b　　　　D. δ

166. 职业道德是（　　）。
    A. 社会主义道德体系的重要组成部分
    B. 保障从业者利益的前提
    C. 劳动合同订立的基础
    D. 劳动者的日常行为规则

167. 一夹一顶装夹工件时，若卡盘夹持部分较长，属于（　　）。
    A. 完全定位 B. 不完全定位
    C. 欠定位 D. 过定位

168. 装配图中的标准件（　　）。
    A. 不参加编号 B. 单独编号
    C. 统一编号 D. 编号方法没有规定

169. 原理误差是由于采用了（　　）而产生的误差。
    A. 不同的夹具 B. 近似的加工运动轨迹
    C. 不同的机床 D. 不同的刀具

170. 数控加工仿真软件中根据（　　）判断切削参数是否准确。
    A. F、S 参数 B. 加工时间
    C. 实时材料去除量 D. 材料去除总量

171. RS232C 接线时，串口 1 的脚 2 接串口 2 的（　　）。
    A. 脚2　　　B. 脚3　　　C. 脚4　　　D. 脚5

172. 下列指令中（　　）是深孔钻循环指令（FANUC 系统）。
    A. G71　　　B. G72　　　C. G73　　　D. G74

173. 油黏度过高可能是造成（　　）现象的因素之一。
    A. 油泵有噪声 B. 油压不稳定
    C. 油泵不喷油 D. 油泵损坏

174. 封闭环的最大极限尺寸等于各增环的最大极限尺寸（　　）各减环的最小极

限尺寸之和。

    A. 之差乘以   B. 之差除以

    C. 之和减去   D. 除以

175. （　　）重合时，定位尺寸即工序尺寸。

    A. 设计基准与工序基准   B. 定位基准与设计基准

    C. 定位基准与工序基准   D. 测量基准与设计基准

176. 用数控车床车削螺纹防止乱牙的措施是（　　）。

    A. 选择正确的螺纹刀具   B. 正确安装螺纹刀具

    C. 选择合理的切削参数   D. 每次在同一个 Z 轴位置开始切削

177. 数控车床刀具自动换刀的位置必须按照（　　）计算防止碰撞的安全距离。

    A. 当前刀具长度   B. 被选中刀具长度

    C. 刀架上最长刀具长度   D. 刀架上最短刀具长度

178. 计算机辅助编程中生成数控加工程序是（　　）阶段的工作。

    A. 生成刀具轨迹   B. 选择加工方式和参数

    C. 轨迹模拟   D. 后置处理

179. 一把梯形螺纹车刀的左侧后角是 8°，右侧后角是 0°，这把车刀（　　）。

    A. 可以加工右旋梯形螺纹   B. 可以加工左旋梯形螺纹

    C. 与被加工螺纹的旋向无关   D. 不可以使用

180. 在切削用量相同的条件下主偏角减小、切削宽度增大，则切削温度也（　　）。

    A. 上升   B. 下降   C. 先升后降   D. 不变

181. 运算表达式"R1 = R2 + R3 * SIN（R4）– 8;"按运算次序首先是（　　）（SIEMENS 系统）。

    A. R2 + R3   B. R3 * SIN（R4）

    C. SIN（R4）   D. SIN（R4）– 8

182. 在西门子系统中，CYCLE95 指令在粗加工时是以其程序段中指定的背吃刀量沿平行于（　　）的方向进行多重切削的。

    A. X 轴   B. Z 轴   C. Y 轴   D. C 轴

183. 枪孔钻的内切削刃与垂直于轴线的平面分别相交（　　）。

    A. 10°   B. 20°   C. 30°   D. 40°

184. 直径为 20 mm 的深孔，其深度应大于（　　）mm。

    A. 50   B. 100   C. 150   D. 200

185. 刀具前角大则（　　）。

    A. 切削力大   B. 刀具强度高

    C. 散热能力差   D. 容易磨损

186. 下列关于采用步进电动机的开环伺服系统叙述正确的是（　　）。

    A. 工作不可靠   B. 调试不方便

    C. 伺服单元复杂   D. 进给速度有较大限制

187. 采用（　　）切削螺纹时，螺纹车刀的左右切削刃同时切削。
    A. 直进法　　　　　　　　　　B. 斜进法
    C. 左右切削法　　　　　　　　D. G76 循环指令

188. 要保证螺纹的旋合，主要是（　　）。
    A. 中径的上偏差不能超差　　　B. 中径的下偏差不能超差
    C. 螺距不能超差　　　　　　　D. 牙型角不能超差

189. FANUC 数控车系统中 G90 是（　　）指令。
    A. 增量编程　　　　　　　　　B. 圆柱面或圆锥面车削循环
    C. 螺纹车削循环　　　　　　　D. 端面车削循环

190. 椭圆参数方程式为（　　）（FANUC 系统、华中系统）。
    A. $X = a * \sin\theta$；$Y = b * \cos\theta$　　　B. $X = b * \cos(\theta/b)$；$Y = a * \sin\theta$
    C. $X = a * \cos\theta$；$Y = b * \sin\theta$　　　D. $X = b * \sin\theta$；$Y = a * \cos(\theta/a)$

191. TiN 涂层刀具呈（　　），切削温度低。
    A. 银白色　　　　　　　　　　B. 金黄色
    C. 黑色　　　　　　　　　　　D. 灰色

192. 定位套用于外圆定位，其中长套限制（　　）个自由度。
    A. 6　　　　　B. 4　　　　　C. 3　　　　　D. 8

193. 已知圆心坐标为（　　），半径为 30 mm 的圆方程是 $(z - 80)^2 + (y - 14)^2 = 30^2$。
    A. 30，14　　　B. 14，80　　　C. 30，80　　　D. 80，14

194. 为了降低高速切削中的切削热，需要（　　）。
    A. 较小的进给速度　　　　　　B. 较大的切削厚度
    C. 施加充分的切削液　　　　　D. 较小的背吃刀量

195. 耐热性好的刀具材料（　　）。
    A. 抗弯强度好　　　　　　　　B. 韧性差
    C. 硬度低　　　　　　　　　　D. 抵抗冲击能力强

196. 封闭环的基本尺寸等于各增环的基本尺寸（　　）各减环的基本尺寸之和。
    A. 之差乘以　　　　　　　　　B. 之和减去
    C. 之和除以　　　　　　　　　D. 之差除以

197. 在钢材上加工深度不超过 0.1 mm 的浮雕的最佳方法是（　　）。
    A. 电火花加工　　　　　　　　B. 铣削加工
    C. 激光加工　　　　　　　　　D. 电解加工

198. 钢材淬火时为了防止（　　），需要选择合适的设备。
    A. 变形　　　　　　　　　　　B. 开裂
    C. 硬度偏低　　　　　　　　　D. 氧化和脱碳

199. 装配图的技术要求中不应该包括（　　）。
    A. 指定装配方法　　　　　　　B. 装配后的检验方法
    C. 重要零件的技术要求　　　　D. 使用环境

200. 一工件以孔定位，套在心轴上加工与孔有同轴度要求的外圆。孔的上偏差是 +0.06 mm，下偏差是 0；心轴的上偏差是 −0.01 mm，下偏差是 −0.03 mm。其基准移位误差为（　　）mm。

    A. 0.09　　　　B. 0.03　　　　C. 0.045　　　　D. 0.025

201. 设置 RS232C 的参数，串口 1 传输的波特率设置为 2 400 b/s，接串口 2 的波特率应设置为（　　）b/s。

    A. 1 200　　　　B. 1 800　　　　C. 2 400　　　　D. 4 800

202. 把数控机床接入局域网与用 RS232C 连接数控机床及计算这两种方式最大的功能区别在于（　　）。

    A. 传输速度快　　　　　　　　B. 可靠性高

    C. 距离限制小　　　　　　　　D. 没有只能点对点通信的限制

203. 对于几何精度要求较高的工件，它的定位基准面必须经过（　　）或精刮。

    A. 研磨　　　　B. 热处理　　　　C. 定位　　　　D. 铣削

204. 采用基轴制，用于相对运动的各种间隙配合时孔的基本偏差应在（　　）之间选择。

    A. S~U　　　　B. A~G　　　　C. H~N　　　　D. A~U

205. 在斜床身数控车床上加工外圆右旋螺纹，当螺纹刀面朝下安装时，主轴与走刀路线的关系是（　　）。

    A. 主轴正转，从左向右切削　　　　B. 主轴反转，从左向右切削

    C. 主轴正转，从右向左切削　　　　D. 主轴反转，从右向左切削

206. 在西门子数控车系统中 CYCLE97 是（　　）指令（SIEMENS 系统）。

    A. 螺纹切削循环　　　　　　　B. 端面切削循环

    C. 深孔钻削循环　　　　　　　D. 切槽循环

207. 计算机辅助编程中的后置是把（　　）转换成数控加工程序。

    A. 刀具位置文件　　　　　　　B. 刀具数据

    C. 工艺装备数据　　　　　　　D. 零件数据模型

208. 在华中系统中，单一固定循环是将一个固定循环（如切入→切削→退刀→返回四个程序段）用（　　）指令简化为一个程序段。

    A. G90　　　　B. G54　　　　C. G32　　　　D. G80

209. （　　）不是伺服系统的组成部分。

    A. 电机　　　　　　　　　　　B. 位置测量元件伺服系统

    C. 可编程序控制器　　　　　　D. 反馈电路

210. 在石化、冶金等恶劣环境中要使用（　　）。

    A. 空气电磁式交流接触器　　　B. 真空交流接触器

    C. 机械联锁接触器　　　　　　D. 切换电容接触器

211. 表示正切函数的运算指令是（　　）（FANUC 系统、华中系统）。

    A. #i = TAN[#j]　　　　　　　B. #i = ATAN[#j]

    C. #i = FIX[#j]　　　　　　　D. #i = COS[#j]

212. 宏程序的变量之间可进行算术和逻辑运算，下列属于逻辑运算的是（　　）（FANUC 系统、华中系统）。

　　A. 绝对值　　B. 开平方　　　　C. 函数运算　　　　D. 或

213. 封闭环是在（　　）阶段自然形成的一环。

　　A. 装配或加工过程的最后　　　　B. 装配中间

　　C. 装配最开始　　　　　　　　　D. 加工最开始

214. 一工件以外圆在 V 形块上定位，V 形块的角度是 120°。工件直径上偏差为 +0.03 mm，下偏差为 -0.01 mm。工件在垂直于 V 形块底面方向的定位误差是（　　）mm。

　　A. 0.046　　B. 0.04　　　　C. 0.023　　　　D. 0.02

215. 下列运算符中含义是小于、小于或等于的是（　　）（SIEMENS 系统）。

　　A. <、< =　　　　　　　　　B. >、<

　　C. = =、<　　　　　　　　　D. < >、>

216. 表达式#i = LN（#j）是（　　）运算（FANUC 系统、华中系统）。

　　A. 自然对数　　　　　　　　　B. 指数函数

　　C. 下取整　　　　　　　　　　D. 上取整

217. 滚珠丝杠运动不灵活的原因可能是（　　）。

　　A. 滚珠丝杠的预紧力过大　　　B. 滚珠丝杠间隙增大

　　C. 电动机与丝杠联轴器连接过紧　D. 润滑油不足

218. 下列关于组合夹具的特点叙述错误的是（　　）。

　　A. 可缩短生产的准备周期　　　B. 可节省大量工艺装备的费用支出

　　C. 适用性较好　　　　　　　　D. 结构简单、灵巧，刚度较高

219. 装配图中零件序号的编排原则是（　　）。

　　A. 顺时针依次编号　　　　　　B. 逆时针依次编号

　　C. 不需要依次编号　　　　　　D. 仅对专用件编号

220. 社会主义荣辱观的内容是（　　）。

　　A. "八荣八耻"　　　　　　　　B. "立党为公，执政为民"

　　C. "五讲四美三热爱"　　　　　D. "廉洁、文明、和谐"

221. 在 FANUC 系统中，（　　）指令是端面粗加工循环指令。

　　A. G70　　B. G71　　　　C. G72　　　　　　D. G73

222. 在工作中保持同事间和谐的关系，要求职工做到（　　）。

　　A. 对感情不和的同事仍能给予积极配合

　　B. 如果同事不经意给自己造成伤害，要求对方当众道歉，以挽回影响

　　C. 对故意的诽谤，先通过组织途径解决，实在解决不了，再以武力解决

　　D. 保持一定的忌妒心，激励自己上进

223. 在运算指令中，形式为 Ri = TRUNC（Rj）的函数表示的意义是（　　）（SIEMENS 系统）。

　　A. 对数　　　　　　　　　　　B. 舍去小数点

　　　C. 取整　　　　　　　　　　　　　D. 非负数

224. 刃磨各种高速钢刀具时最好选择（　　）砂轮。

　　　A. 白刚玉　　　　　　　　　　　　B. 单晶刚玉

　　　C. 绿碳化硅　　　　　　　　　　　D. 立方氮化硼

225. 滚珠丝杠的基本导程减小，可以（　　）。

　　　A. 提高精度　　　　　　　　　　　B. 提高承载能力

　　　C. 提高传动效率　　　　　　　　　D. 加大螺旋升角

226. 在程序段"G73 U(Δi) W(Δk) R(d)；G73 P(ns) Q(nf) U(Δu) W(Δw) F(f) S(s) T(t)；"中，（　　）表示 X 轴方向上的精加工余量（FANUC 系统）。

　　　A. Δw　　　　　B. Δu　　　　　C. ns　　　　　D. nf

227. 在运算指令中，形式为#i = ACOS［#j］的函数表示的意义是（　　）（FANUC 系统、华中系统）。

　　　A. 只取零　　　　　　　　　　　　B. 位移误差

　　　C. 反余弦　　　　　　　　　　　　D. 余切

228. 在切削加工中，刀具常见的涂层均以（　　）为主。

　　　A. Al_2O_3　　　　B. TiC　　　　C. TiN　　　　D. YT

229. 粗加工时选择切削用量应该首先选择（　　）。

　　　A. 背吃刀量　　　　　　　　　　　B. 切削速度

　　　C. 进给速度　　　　　　　　　　　D. 主轴转速

230. 采用径向直进法车削螺纹的优点是（　　）。

　　　A. 加工效率高　　　　　　　　　　B. 排屑顺畅

　　　C. 刀尖不易磨损　　　　　　　　　D. 牙型精度高

231. 在运算指令中，取符号指令的格式是（　　）（华中系统）。

　　　A. Ri = LN(Rj)　　　　　　　　　　B. Ri = INT(Rj * Rk)

　　　C. Ri = EXP(Rj)　　　　　　　　　D. Ri = SIGN(Rj)

232. （　　）用于电力系统发生故障时迅速、可靠地切断电源。

　　　A. 继电器　　　　　　　　　　　　B. 熔断器

　　　C. 接触器　　　　　　　　　　　　D. 变压器

233. 决定对零件采用某种定位方法，主要根据是（　　）。

　　　A. 工件被限制了几个自由度　　　　B. 工件需要限制几个自由度

　　　C. 夹具采用了几个定位元件　　　　D. 工件精度要求

234. 精加工细长轴外圆表面时较理想的切屑形状是（　　）。

　　　A. C 形屑　　　　　　　　　　　　B. 带状屑

　　　C. 紧螺卷屑　　　　　　　　　　　D. 崩碎切屑

235. 三相交流接触器用于（　　）。

　　　A. 直流系统　　　　　　　　　　　B. 三相交流系统

　　　C. 控制中性线的三相电路　　　　　D. 任何交直流系统

236. 枪孔钻为（　　）结构。

A. 外排屑单刃 　　　　　　　B. 外排屑多刃
C. 内排屑单刃 　　　　　　　D. 内排屑多刃

237. 机床精度指数可衡量机床精度，机床精度指数（　　），机床精度高。
A. 大　　　B. 小　　　C. 无变化　　　D. 为零

238. 遵守法律法规不要求（　　）。
A. 遵守国家法律和政策　　　B. 遵守安全操作规程
C. 加强劳动协作　　　　　　D. 遵守操作程序

239. 执行程序段"N10 #24 = 60；N20 #26 = − 40；N30 G01 X［#24］Z［#26］F0.1；"后，刀具所在位置的坐标为（　　）（FANUC 系统、华中系统）。
A. X#24，Z#26　　　　　　B. X24，Z26
C. X60，Z26　　　　　　　D. X60，Z − 40

240. $G1\frac{1}{2}$ 螺纹，已知牙型高度为 $0.6403P$（$P=$ 螺距），每英寸内 11 牙。车削螺纹的切深是（　　）mm。
A. 2.309　　　B. 1.478 5　　　C. 1.451　　　D. 1.814

241. 细长轴毛坯弯曲将导致（　　）。
A. 表面粗糙度值大　　　B. "竹节形"
C. "多棱形"　　　　　　D. 工件被卡死

242. 单步运行通过（　　）实现。
A. M00 代码　　　　　　B. M01 代码
C. G 功能　　　　　　　D. 机床面板上的功能键

243. 下列关于企业文化的叙述正确的是（　　）。
A. 企业文化是企业管理的重要因素
B. 企业文化是企业的外在表现
C. 企业文化产生于改革开放过程中的中国
D. 企业文化建设的核心内容是文娱和体育活动

244. 下列电器中能起过载保护作用并能复位的是（　　）。
A. 热继电器　　　　　　B. 接触器
C. 熔断器　　　　　　　D. 组合开关

245. 编程实现"如果 A 大于或等于 B，那么继续运行程序至某程序段，否则程序将跳过这些程序运行后面的程序段"，下面语句中正确的是（　　）（华中系统）。
A. WHILE［A GE B］；…ENDW; B. WHILE［A LT B］；…ENDW；
C. IF［A GE B］；…ENDIF； D. IF［A LT B］；…ENDIF；

246. 下列关于道德规范的叙述正确的是（　　）。
A. 道德规范是没有共同标准的行为规范
B. 道德规范只是一种理想规范
C. 道德规范是做人的准则
D. 道德规范缺乏约束力

247. 钻孔时为了减小加工热量和轴向力、提高定心精度的主要措施是（　　）。
     A. 修磨后角和横刃　　　　　　B. 修磨横刃
     C. 修磨顶角和横刃　　　　　　D. 修磨后角

248. 必须在主轴（　　）个位置上检验铣床主轴锥孔中心线的径向圆跳动误差。
     A. 1　　　　　B. 2　　　　　C. 3　　　　　D. 4

249. 在运算指令中，形式为 Ri = SIN（Rj）的函数表示的意义是（　　）（SIE-MENS 系统）。
     A. 圆弧度　　　B. 立方根　　　C. 合并　　　D. 正弦

250. 数控系统中 PLC 控制程序实现机床（　　）的控制。
     A. 位置　　　　　　　　　　B. 各执行机构
     C. 精度　　　　　　　　　　D. 各进给轴速度

251. 在 R 参数使用中，下列选项格式正确的是（　　）（SIEMENS 系统）。
     A. O［R1］　　　　　　　　B. /R2 G00 X100.0
     C. N［R3］X200.0　　　　　D. R5 = R1 − R3

252. 三相异步电动机的容量超过供电变压器的（　　）时应采用降压启动方式。
     A. 小于 5%　　　　　　　　B. 5% ~ 25%
     C. 25% ~ 50%　　　　　　　D. 50% ~ 75%

253. 一个工艺尺寸链中有（　　）个封闭环。
     A. 1　　　　　B. 2　　　　　C. 3　　　　　D. 多

254. 运算式 Rj > Rk 中关系运算符"＞"表示（　　）（SIEMENS 系统）。
     A. 等于　　　B. 不等于　　　C. 小于　　　D. 大于

255. 宏程序中圆周率"PI"是（　　）（华中系统）。
     A. 常量　　　　　　　　　　B. 当前局部变量
     C. 全局变量　　　　　　　　D. 一层局部变量

256. 机床主轴润滑系统中的空气过滤器必须（　　）检查。
     A. 隔年　　　B. 每周　　　C. 每月　　　D. 每年

257. 下列心轴定位装置中定心精度最差的是（　　）。
     A. 小锥度心轴　　　　　　　B. 过盈配合心轴
     C. 间隙配合心轴　　　　　　D. 可胀式心轴

258. 加工时采用了近似的加工运动或近似刀具的轮廓产生的误差称为（　　）。
     A. 加工原理误差　　　　　　B. 车床几何误差
     C. 刀具误差　　　　　　　　D. 调整误差

259. G76 指令主要用于（　　）的加工，以简化编程（FANUC 系统）。
     A. 车槽　　　B. 钻孔　　　C. 端面　　　D. 螺纹

260. 执行程序段"N50 #25 = −30；N60 #24 = ABS［#25］；"后，#24 赋值为（　　）（FANUC 系统、华中系统）。
     A. −30　　　B. 30　　　C. 900　　　D. −0.5

261. 压力控制回路中（　　）的功能在于防止垂直放置的液压缸及与之相连的工

作部件因自重而下坠。

    A. 保压回路   B. 卸荷回路

    C. 增压回路   D. 平衡回路

262. 所有的传动中应用最广泛的是（   ）。

    A. 链传动   B. 齿轮传动

    C. 蜗杆传动   D. 带传动

263. 若 R4、R6 表示加工点的 X、Z 坐标，则描述其 X 和 Z 向运动关系的宏程序段 "R6 = [R1/R2] * SQRT{R2 * R2 - R4 * R4};" 所描述的加工路线是（   ）（SIEMENS 系统）。

    A. 圆弧   B. 椭圆   C. 抛物线   D. 双曲线

264. 在运算指令中，形式为 Ri = SQRT（Rj）的函数表示的意义是（   ）（SIE-MENS 系统）。

    A. 矩阵   B. 数列   C. 平方根   D. 条件求和

265. 下列指令中属于复合切削循环指令的是（   ）（华中系统）。

    A. G82   B. G71   C. G80   D. G32

266. 刀具存在（   ）种破损形式。

    A. 2   B. 3   C. 4   D. 5

267. 螺纹连接时用双螺母防松属于（   ）。

    A. 增大摩擦力   B. 使用机械结构

    C. 冲边   D. 粘接

268. 回转精度高、（   ）、承载能力大是数控顶尖具有的优点。

    A. 转速慢   B. 定心差

    C. 转速快   D. 顶力小

269. 用空运行功能检查程序，除了可快速检查程序是否能正常执行外，还可以检查（   ）。

    A. 运动轨迹是否超程   B. 加工轨迹是否正确

    C. 定位程序中的错误   D. 刀具是否会发生碰撞

270. 刀尖半径为 0.2 mm，要求表面粗糙度值小于 10 μm，车削进给量 F 应取（   ）mm/r。

    A. 0.063   B. 0.12   C. 0.25   D. 0.3

271. 下列地址符中不可以作为宏程序调用指令中自变量符号的是（   ）（FANUC 系统）。

    A. I   B. K   C. N   D. H

272. G65 代码是 FANUC 数控系统中的调用（   ）功能。

    A. 子程序   B. 宏程序   C. 参数   D. 刀具

273. 下面以 M99 作为程序结束的程序是（   ）（FANUC 系统、华中系统）。

    A. 主程序   B. 子程序   C. 增量程序   D. 宏程序

274. 数控机床精度检验中，（   ）是机床关键零部件经组装后的综合几何形状误差。

  A. 定位精度   B. 切削精度

  C. 几何精度   D. 以上选项都正确

275. 麻花钻的顶角不对称时，其两侧切削刃受力（   ）。

  A. 不平衡   B. 平衡   C. 时大时小   D. 无影响

276. 装配图中相邻两个零件的接触面应该画（   ）。

  A. 一条粗实线   B. 两条粗实线

  C. 一条线加文字说明   D. 两条细实线

277. 闭式传动且零件运动线速度不低于（   ）m/s 的场合可采用润滑油润滑。

  A. 1   B. 2   C. 2.5   D. 3

278. 没有专门用于车削变螺距螺纹指令的数控机床要加工变螺距螺纹时，必须用
（   ）。

  A. 特别设计的夹具   B. 特制的刀具

  C. 带有 C 轴的数控机床   D. CAD/CAM 自动编程

279. 积屑瘤的存在（   ）。

  A. 对粗加工有利   B. 对提高加工精度有利

  C. 对保护刀具不利   D. 对提高工件表面质量有利

280. 要使渗碳工件表层具有高硬度、高耐磨性，需进行的热处理是（   ）。

  A. 退火   B. 正火

  C. 淬火   D. 淬火后回火

281. 造成机床气压过低的主要原因之一是（   ）。

  A. 气泵不工作   B. 气压设定不当

  C. 空气干燥器不工作   D. 气压表损坏

282. 国家鼓励企业制定（   ）国家标准或者行业标准的企业标准，在企业内部
适用。

  A. 严于   B. 松于

  C. 等同于   D. 完全不同于

283. FANUC 系统自变量赋值方法 Ⅱ 中只使用 A、B、C 和 I、J、K 6 个字母，其中
I、J、K 可重复指定（   ）次（FANUC 系统）。

  A. 1   B. 10   C. 3   D. 5

284. 发生（   ）现象时，应该增大切削液的供给量。

  A. 刀尖黏结，积屑瘤破碎   B. 切削温度过高

  C. 表面精度下降   D. 刀具耐用度降低

285. 车床主轴轴线有轴向窜动时，对车削（   ）精度影响较大。

  A. 外圆表面   B. 螺纹螺距   C. 内孔表面   D. 圆弧表面

286. 基准不重合误差由前后（   ）不同而引起。

  A. 设计基准   B. 环境温度

  C. 工序基准   D. 几何误差

287. 机床电气控制线路不要求（   ）。

A. 过载、短路、欠压、失压保护

B. 主电动机停止采用按钮操作

C. 具有安全的局部照明装置

D. 所有电动机必须进行电气调整

288. 防止积屑瘤崩碎的措施是（　　）。

    A. 采用高速切削　　　　　　　　B. 采用低速切削

    C. 保持均匀的切削速度　　　　　D. 选用合适的切削液

289. 车床主轴转速 $n = 1\,000$ r/min，若工件外圆加工表面直径 $d = 50$ mm，则编程时工件外圆的切削速度 v 为（　　）m/min。

    A. 157　　　　　B. 156　　　　　C. 500　　　　　D. 200

290. 液压系统中可以完成直线运动的执行元件是（　　）。

    A. 活塞式液压缸　　　　　　　　B. 液压马达

    C. 轴向柱塞泵　　　　　　　　　D. 摆动缸

291. 机床主轴的回转误差是影响工件（　　）的主要因素。

    A. 平面度　　　　　　　　　　　B. 垂直度

    C. 圆度　　　　　　　　　　　　D. 表面粗糙度

292. 下列选项中影响所车削零件位置公差的主要因素是（　　）。

    A. 零件的装夹　　　　　　　　　B. 工艺系统精度

    C. 刀具几何角度　　　　　　　　D. 切削参数

293. 在其他组成环不变的条件下，其中某个组成环变化时，封闭环随之（　　）的环称为减环。

    A. 增大而增大　　　　　　　　　B. 增大而不变化

    C. 增大而减小　　　　　　　　　D. 增大而减小或增大

294. 测绘零件草图时（　　）。

    A. 要多用视图

    B. 以能表达零件的形状及尺寸为原则，视图越少越好

    C. 一定要画三视图才正确

    D. 各部分比例要精确

295. 可转位车刀夹固方式中定位精度较差的是（　　）。

    A. 上压式　　　B. 杠杆式　　　C. 楔销式　　　　　　D. 螺钉压紧

296. 产生定位误差的原因主要有（　　）。

    A. 基准不重合误差、基准位移误差等

    B. 机床制造误差、测量误差等

    C. 工序加工误差、刀具制造误差等

    D. 夹具制造误差、刀具制造误差等

297. 可转位刀片型号中第一位表示（　　）。

    A. 精度等级　　　　　　　　　　B. 切削刃形状

    C. 刀片形状　　　　　　　　　　D. 刀片切削方向

298. 机床液压油中混有异物会导致（　　）现象。

    A. 油量不足　　　　　　　　　B. 油压过高或过低

    C. 油泵有噪声　　　　　　　　D. 压力表损坏

299. 普通车床调整径向进给量通过转动（　　）实现。

    A. 进给箱上的操纵手柄　　　　B. 溜板箱上的手轮

    C. 中滑板上的手柄　　　　　　D. 小滑板上的手柄

300. 企业标准是由（　　）制定的标准。

    A. 国家　　　　B. 企业　　　　C. 行业　　　　　D. 地方

301. 切削（　　）的刀具需要大断屑槽。

    A. 铸铁　　　　B. 铸钢　　　　C. 碳素钢　　　　D. 纯铝

302. 数控车床用径向较大的夹具时，采用（　　）与车床主轴连接。

    A. 锥柄　　　　B. 过渡盘　　　　C. 外圆　　　　D. 拉杆

303. 《公民道德建设实施纲要》提出，要充分发挥社会主义市场经济机制的积极作用，人们必须增强（　　）。

    A. 个人意识、协作意识、效率意识、物质利益观念、改革开放意识

    B. 个人意识、竞争意识、公平意识、民主法制意识、开拓创新精神

    C. 自立意识、竞争意识、效率意识、民主法制意识、开拓创新精神

    D. 自立意识、协作意识、公平意识、物质利益观念、改革开放意识

304. 机床主轴箱内一般采用（　　）。

    A. 手工定时润滑　　　　　　　B. 针阀式注油油杯润滑

    C. 自动定时润滑　　　　　　　D. 溅油润滑

305. 表示小于的关系运算符是（　　）（FANUC 系统、华中系统）。

    A. EQ　　　　B. GT　　　　C. LT　　　　　D. LE

306. 表示余弦函数的运算指令是（　　）（FANUC 系统、华中系统）。

    A. #i = TAN[#j]　　　　　　B. #i = ACOS[#j]

    C. #i = COS[#j]　　　　　　D. #i = SIN[#j]

307. 可转位刀片型号中切削刃形状代号为 S，表示该刀片（　　）。

    A. 切削刃锋利　　　　　　　　B. 切削刃修钝，强度较高

    C. 为负倒棱切削刃，抗冲击　　D. 材料强度低，抗冲击能力差

308. 下列宏变量中（　　）是当前局部变量（华中系统）。

    A. #1　　　　B. #100　　　　C. #200　　　　D. #300

309. 在运算指令中，形式为#i = ATAN[#j] 的函数表示的意义是（　　）（FANUC 系统、华中系统）。

    A. 余切　　　　B. 反正切　　　　C. 切线　　　　　D. 反余切

310. 程序段 "N25 G80 X60.0 Z−35.0 R−5.0 F0.1;" 所加工的锥面大、小端半径差为（　　）mm，加工方向为圆锥（　　）（华中系统）。

    A. 5　小端到大端　　　　　　　B. 5　大端到小端

    C. 2.5　小端到大端　　　　　　D. 2.5　大端到小端

311. 嵌套子程序的调用指令是（　　）（FANUC 系统、华中系统）。
    A. G98 　　　　　　　　　　　B. G99
    C. M98 　　　　　　　　　　　D. M99

312. 不完全互换性与完全互换性的主要区别在于不完全互换性（　　）。
    A. 在装配前允许有附加的选择　　B. 在装配时不允许有附加的调整
    C. 在装配时允许适当修配　　　　D. 装配精度比完全互换性低

313. 用数控车床车削螺纹，螺距误差较大的原因是（　　）。
    A. 程序错误　　　　　　　　　　B. 没有正确安装螺纹刀具
    C. 切削参数不合理　　　　　　　D. 丝杠螺距补偿数据不正确

314. CAM 系统加工类型中（　　）只能用于粗加工。
    A. 等高线加工　　　　　　　　　B. 放射状加工
    C. 交角加工　　　　　　　　　　D. 插削式加工

315. 在运算指令中，形式为#i = LN［#j］的函数表示的意义是（　　）（FANUC 系统、华中系统）。
    A. 离心率　　　　　　　　　　　B. 自然对数
    C. 轴距　　　　　　　　　　　　D. 螺旋轴弯曲度

316. 钢材工件铰削余量小，若铰刀刃口不锋利，使孔径缩小而产生误差的原因是加工时产生较大的（　　）。
    A. 切削力　　　　　　　　　　　B. 弯曲
    C. 弹性回复　　　　　　　　　　D. 弹性变形

317. 机床的（　　）是在重力、夹紧力、切削力、各种激振力和温升综合作用下的精度。
    A. 几何精度　　　　　　　　　　B. 运动精度
    C. 传动精度　　　　　　　　　　D. 工作精度

318. 如零件图上有文字说明"零件1（LH）如图，零件2（RH）对称"，这里 RH 表示（　　）。
    A. 零件2为上件　　　　　　　　B. 零件2为左件
    C. 零件2为右件　　　　　　　　D. 零件2为下件

319. 设置工件坐标系就是在（　　）中找到工件坐标系原点的位置。
    A. 工件　　　　　　　　　　　　B. 机床工作台
    C. 机床运动空间　　　　　　　　D. 机床坐标系

320. 子程序的最后一个程序段为（　　）时，命令子程序结束并返回主程序（FANUC 系统、华中系统）。
    A. M99 　　　　B. M98 　　　　C. M78 　　　　D. M89

321. 宏指令的比较运算符中"＜＞"表示（　　）（SIEMENS 系统）。
    A. 等于　　　　B. 不等于　　　　C. 小于　　　　D. 大于

322. 闭环控制系统直接检测的是（　　）。
    A. 电动机轴转动量　　　　　　　B. 丝杠转动量

C．工作台的位移量 　　　　　　　　 D．电动机转速

323．在运算指令中，形式为 Ri = ACOS（Rj）的函数表示的意义是（　　）（SIE-MENS 系统）。

A．只取零 　　　　　　　　　 B．位移误差

C．反余弦 　　　　　　　　　 D．余切

324．台虎钳属于（　　）。

A．传递运动螺旋机构 　　　　　 B．传递动力螺旋机构

C．调整零件之间位置的螺旋机构 　D．固定零件之间位置的螺旋机构

325．宏指令的比较运算符中"LT"表示（　　）（FANUC 系统、华中系统）。

A．< 　　　　 B．≠ 　　　　 C．≥ 　　　　　 D．≤

326．宏程序中大于的运算符为（　　）（FANUC 系统、华中系统）。

A．LE 　　 B．EQ 　　　　　 C．GE 　　　　　 D．GT

327．线轮廓度符号为（　　），是限制实际曲线对理想曲线变动量的一项指标。

A．一个圆 　　　　　　　　　 B．一个球

C．一上凸的圆弧线 　　　　　　 D．两条等距曲线

328．梯形螺纹 Tr12 × 1.5 的中径是（　　）mm。

A．10.5 　　 B．9.0 　　　　　 C．11.25 　　　　 D．11.5

329．在宏程序段 "#1 = #6/#2 - #3 * COS［#4］；" 中优先进行的运算是（　　）（FANUC 系统、华中系统）。

A．COS［#4］ 　　　　　　　　 B．#3 *

C．#2 - 　　　　　　　　　　 D．#6/

330．表示小于的关系运算符是（　　）（SIEMENS 系统）。

A．= = 　　　 B．< 　　　　　 C．< > 　　　　　 D．> =

331．计算机辅助编程中后置处理的作用是（　　）。

A．生成加工轨迹 　　　　　　　 B．处理刀具半径补偿

C．检查程序正确性 　　　　　　 D．生成数控加工程序

332．对操作者来说，降低工件表面粗糙度值最容易采取的办法是（　　）。

A．改变加工路线 　　　　　　　 B．提高机床精度

C．调整切削用量 　　　　　　　 D．调换夹具

333．符号键在编程时用于输入符号，（　　）键用于输入每个程序段的结束符。

A．CAN 　　 B．POS 　　　　　 C．EOB 　　　　　 D．SHIFT

334．在 FANUC 系统中，（　　）指令是精加工循环指令。

A．G70 　　　　　　　　　　　 B．G71

C．G72 　　　　　　　　　　　 D．G73

335．主程序与子程序有区别的一点是子程序结束指令为（　　）（SIEMENS 系统）。

A．M05 　　 B．RET 　　　　　 C．M17 　　　　　 D．M01

336. 加工深孔时，由于（　　），所以加工难度较大。
    A. 排屑较容易
    B. 不能加注切削液
    C. 工件无法装夹
    D. 刀具刀柄细长，刚度低

337. 增大主偏角，（　　）。
    A. 切削厚度增加
    B. 主切削刃工作长度增大
    C. 刀尖角增大
    D. 刀具寿命延长

338. 封闭环是在装配或加工过程的最后阶段自然形成的（　　）个环。
    A. 三　　　　B. 一　　　　C. 两　　　　D. 多

339. 车削表面出现鳞刺的原因是（　　）。
    A. 刀具破损
    B. 进给量过大
    C. 工件材料太软
    D. 积屑瘤破碎

340. 可编程序控制器的输入/输出响应速度受（　　）影响较大。
    A. 器件性能
    B. 扫描周期
    C. 程序
    D. 外接设备

341. 若#24、#26 表示加工点的 X、Z 坐标，则描述其 X 和 Z 向运动关系的宏程序段 "#26＝SQRT {2＊#2＊#24}；" 所描述的加工路线是（　　）（FANUC 系统、华中系统）。
    A. 圆弧　　　　B. 椭圆　　　　C. 抛物线　　　　D. 双曲线

342. 装配图中的尺寸 $\phi30$ H9/F9 属于（　　）。
    A. 装配尺寸
    B. 安装尺寸
    C. 性能（规格）尺寸
    D. 总体尺寸

343. 复合循环指令 "G71 U(Δd) R(r) P(ns) Q(nf) X(Δx) Z(Δz)；" 中的 Δd 表示（　　）（华中系统）。
    A. 总余量
    B. X 方向精加工余量
    C. 单边吃刀深度
    D. 退刀量

344. 可转位车刀夹固方式中，（　　）不适用于冲击载荷大的加工。
    A. 上压式
    B. 杠杆式
    C. 螺钉压紧
    D. 偏心式

345. 车孔的关键技术是解决（　　）问题。
    A. 车刀的刚度
    B. 排屑
    C. 车刀的刚度和排屑
    D. 冷却

346. "IF R2 ＝ ＝10…" 中 "R2 ＝ ＝10" 表示（　　）（SIEMENS 系统）。
    A. R2 中的赋值小于 10
    B. R2 中的赋值大于 10
    C. R2 中的赋值等于 10
    D. R2 中的赋值不等于 10

347. 公差与配合标准的应用主要解决（　　）的问题。
    A. 基本偏差
    B. 加工顺序
    C. 公差等级
    D. 加工方法

348. 闭环系统数控机床安装及调试合格后，其位置精度主要取决于（　　）。

A. 机床机械结构的精度　　　B. 驱动装置的精度

C. 位置检测及反馈系统的精度　D. 计算机的运算精度

349. 下列加工材料的特性中将导致加工表面质量差的是（　　）。

A. 高硬度　　　　　　　　B. 热导率低

C. 韧性高、塑性大　　　　D. 高强度

350. 在运算指令中，形式为 Ri = ABS（Rj）的函数表示的意义是（　　）（SIE-MENS 系统）。

A. 离散　　B. 非负　　　C. 绝对值　　　D. 位移

351. 可转位车刀夹固方式中，转位精度高、夹紧可靠并且排屑顺畅的是（　　）。

A. 上压式　　　　　　　　B. 杠杆式

C. 螺钉压紧　　　　　　　D. 螺钉和上压式

352. 数控车床的 T 代码为（　　）。

A. 主轴旋转指令代码　　　B. 选刀指令代码

C. 宏程序指令代码　　　　D. 选刀、换刀指令代码

353. 在加工过程中，因高速旋转的不平衡的工件所产生的（　　）会使机床工艺系统产生动态误差。

A. 重力　　　　　　　　　B. 重力和夹紧力

C. 惯性力　　　　　　　　D. 闭合力

354. 使用百分表测量时，应使测量杆（　　）零件被测表面。

A. 垂直于　　　　　　　　B. 平行于

C. 倾斜于　　　　　　　　D. 任意位置于

355. 下列关于人与人的工作关系中观点正确的是（　　）。

A. 主要是竞争　　　　　　B. 有合作，也有竞争

C. 竞争与合作同样重要　　D. 合作多于竞争

356. 程序段"G76 C(c) R(r) E(e) A(α) X(x) Z(z) I(i) K(k) U(d) V(Δd_{min}) Q(Δd) P(p) F(l)；"中，（　　）表示的是第一次背吃刀量（华中系统）。

A. r　　　B. α　　　C. i　　　D. Δd

357. 测量法向齿厚时，应使尺杆与蜗杆轴线间的夹角等于蜗杆的（　　）。

A. 牙型角　　　　　　　　B. 螺距角

C. 压力角　　　　　　　　D. 导程角

358. 数控机床要求在（　　）进给运动下不爬行，有高的灵敏度。

A. 停止　　B. 高速　　　C. 低速　　　D. 匀速

359. 金属材料硬度符号 HRC 表示（　　）。

A. 布氏硬度　　　　　　　B. 肖氏硬度

C. 维氏硬度　　　　　　　D. 洛氏硬度

360. 在组合夹具中控制移动件移动方向的是（　　）。

A. 合件　　B. 导向件　　C. 辅助件　　D. 支承件

361. 用完全互换法装配机器一般适用于（   ）的场合。

A. 大批大量生产　　　　　　　B. 高精度多环尺寸链

C. 高精度少环尺寸链　　　　　D. 单件小批量生产

362. 车孔时，毛坯孔的误差及加工面硬度不均匀会使所车孔产生（   ）误差。

A. 尺寸　　　　　　　　　　　B. 圆度

C. 对称度　　　　　　　　　　D. 位置度

363. 图示装配图中的尺寸 237 mm 属于（   ）。

A. 装配尺寸　　　　　　　　　B. 安装尺寸

C. 性能（规格）尺寸　　　　　D. 总体尺寸

364. 常用的数控系统异地程序输入方式称为（   ）。

A. DNC　　　　　　　　　　　B. RS232

C. TCP/TP　　　　　　　　　　D. 磁盘传送

365. 半闭环系统的位置测量装置一般装在（   ）上。

A. 导轨　　　　　　　　　　　B. 伺服电动机

C. 工作台　　　　　　　　　　D. 刀架

366. 中央精神文明建设指导委员会决定将（   ）定为"公民道德宣传日"。

A. 9 月 10 日　　　　　　　　B. 9 月 20 日

C. 10 月 10 日　　　　　　　 D. 10 月 20 日

367. 下列变量在程序中的表达方式书写错误的是（   ）（FANUC 系统、华中系统）。

A. Z[#15 + 20]　　　　　　　B. #5 = #1 - #3

C. SIN[#13]　　　　　　　　 D. 20. = #11

368. 公差与配合的基本规定中，H7 中的符号 H 代表基孔制，其上偏差为正，下偏差为（   ）。

A. 负值　　　B. 正值　　　C. 配合间隙值　　　D. 零

369. 下列关于表面粗糙度的说法不正确的是（   ）。

A. 是指加工表面上所具有的较小间距和峰谷所组成的微观几何形状特性

B. 表面粗糙度不会影响机器的工作可靠性和使用寿命

C. 表面粗糙度实质上是一种微观的几何形状误差

D. 一般是在零件加工过程中，由于机床—刀具—工件系统的振动等原因引起的

370. 最常见的减压回路通过定值减压阀和主回路相连，但是回路中要加入（   ），以防止主油路压力低于减压阀调整压力时引起的油液倒流现象。

A. 保压回路　　　　　　　　　B. 单向阀

C. 溢流阀　　　　　　　　　　D. 安全阀

371. 影响数控系统插补精度的主要因素是（   ）。

A. 最小脉冲当量　　　　　　　B. 伺服系统类型

C. 插补算法　　　　　　　　　D. 插补周期

372. 金属切削加工时，切削区域中（   ）平均温度最高。

A. 切屑　　　　B. 工件　　　　C. 刀具　　　　D. 机床

373. 铰孔和浮动镗孔等加工都遵循（   ）原则。

A. 互为基准　　　　　　　　　B. 自为基准

C. 基准统一　　　　　　　　　D. 基准重合

374. 牌号 QT 表示（   ）。

A. 球墨铸铁　　　　　　　　　B. 灰铸铁

C. 可锻铸铁　　　　　　　　　D. 蠕墨铸铁

375. 下面的宏变量中（   ）是全局变量（华中系统）。

A. #1　　　　B. #100　　　　C. #200　　　　D. #300

376. 参数号 R250～R299 属于（   ）（SIEMENS 系统）。

A. 加工循环传递参数　　　　　B. 加工循环内部计算参数

C. 自由参数　　　　　　　　　D. 系统参数

377. 夹紧力的方向应尽量（   ）于工件的主要定位基准面。

A. 垂直　　　　　　　　　　　B. 平行同向

C. 倾斜指向　　　　　　　　　D. 平行反向

378. 表示余弦函数的运算指令是（   ）（SIEMENS 系统）。

A. Ri = TAN(Rj)　　　　　　　B. Ri = ACOS(Rj)

C. Ri = COS(Rj)　　　　　　　D. Ri = SIN(Rj)

379. 在 FANUC 数控系统中，可以独立使用并保存计算结果的变量为（   ）（FANUC 系统）。

A. 空变量　　　　　　　　　　B. 系统变量

C. 公共变量　　　　　　　　　D. 局部变量

380. 金属切削加工时，切削区域中温度最高处在（   ）上。

A. 切屑　　　　B. 工件　　　　C. 刀具　　　　D. 机床

381. FANUC 数控车床系统中，"G90 X ＿ Z ＿ F ＿;"是（   ）程序（FANUC 系统）。

A. 圆柱面车削循环 　　　　B. 圆锥面车削循环

C. 螺纹车削循环 　　　　　D. 端面车削循环

382. 对程序中某个局部需要验证时可采用（　　）。

A. 空运行 　　　　　　　B. 显示轨迹

C. 单步运行 　　　　　　D. 试切削

383. 对工厂同类型零件的资料进行分析和比较，根据经验确定加工余量的方法称为（　　）。

A. 查表修正法 　　　　　B. 经验估算法

C. 实践操作法 　　　　　D. 平均分配法

384. 普通车床溜板箱的作用是（　　）。

A. 把主轴传来的旋转运动传给光杠

B. 控制机动进给的进给量

C. 改变加工螺纹的导程

D. 把光杠或丝杠的旋转运动传递给刀架

385. 表达式#i = EXP[#j]的运算指令表示（　　）（FANUC 系统、华中系统）。

A. 自然对数 　　　　　　B. 指数函数

C. 下取整 　　　　　　　D. 上取整

386. 计算机辅助设计系统的核心技术是（　　）。

A. 中央处理器 　　　　　B. 操作系统

C. 显示技术 　　　　　　D. 建模技术

387. "stock diameter is 25 mm"的含义是（　　）。

A. 刀具直径为 25 mm 　　B. 刀具长度为 25 mm

C. 毛坯直径为 25 mm 　　D. 刀具半径为 25 mm

388. 下列选项中影响车削零件形状公差的主要因素是（　　）。

A. 零件的装夹 　　　　　B. 工艺系统精度

C. 刀具几何角度 　　　　D. 切削参数

389. 麻花钻的横刃由于具有较大的（　　），使得切削条件非常差，造成很大的轴向力。

A. 负前角　　B. 后角　　C. 主偏角　　D. 副偏角

390. 在零件加工过程中或机器装配过程中最终形成的环为（　　）。

A. 组成环　　B. 封闭环　　C. 增环　　D. 减环

391. 下列不属于数控机床每日保养内容的是（　　）。

A. 各导轨面 　　　　　　B. 压缩空气气源压力

C. 电气柜各散热通风装置　D. 滚珠丝杠

392. 由有限个空间点及成对点之间相连的曲线构成的几何模型是（　　）。

A. 线框模型 　　　　　　B. 面模型

C. 实体模型 　　　　　　D. 特征模型

393. 外径（内径）切槽复合循环指令是（　　）（FANUC 系统）。

    A．G72   B．G73   C．G74   D．G75

394．机床在无切削载荷的情况下，因本身的制造、安装和磨损造成的误差称为机床（　　）。

    A．物理误差   B．动态误差

    C．静态误差   D．调整误差

395．CAD/CAM 中 IGES 标准用于（　　）转换。

    A．线框模型   B．面模型

    C．实体模型   D．特征模型

396．程序段"N30 IF［#1 GT 10］；…N80 ENDIF；N90… ;"表示（　　）（华中系统）。

    A．如果变量#1 的值大于 10，程序继续按顺序向下运行

    B．如果变量#1 的值大于 10 的条件不成立，程序继续按顺序向下运行

    C．如果变量#1 的值大于 10，循环执行此程序段后的程序段至 N80 的程序段

    D．如果变量#1 的值不大于 10，循环执行此程序段后的程序段至 N80 的程序段

397．程序段"G80 X50 Z－60 R－2 F0.1;"完成的是（　　）的单次循环加工（华中系统）。

    A．圆柱面   B．圆锥面   C．圆弧面   D．螺纹

398．要把模拟加工的工件与 CAD 模型进行比较，应使用（　　）。

    A．数控系统的图形显示   B．CAM 软件中的加工模拟

    C．数控仿真软件   D．数控加工操作仿真软件

399．将淬火后的钢再加热到某个温度，保温一段时间，然后冷却到室温的热处理工艺称为（　　）。

    A．渗碳   B．正火   C．退火   D．回火

400．切削纯铝、纯铜的刀具（　　）。

    A．前、后面的表面粗糙度值要小 B．要有断屑槽

    C．前角要小   D．切削刃要锋利

401．封闭环的上极限偏差等于各增环的上极限偏差（　　）各减环的下极限偏差之和。

    A．之差乘以   B．之和减去

    C．之和除以   D．之差除以

402．NPT1/2 螺纹，牙型高度为 $0.8P$（P 为螺距），每英寸内 14 牙。车削螺纹的切深是（　　）mm。

    A．0.4   B．1.25   C．1.451   D．1.814

403．可以传递任意位置两轴之间运动的传动方式是（　　）。

    A．链传动   B．齿轮传动

    C．蜗杆传动   D．带传动

404．华中系统中"G80 X ＿ Z ＿ R ＿ F ＿ ;"是（　　）指令。

A. 圆柱面车削循环　　　　　　　　B. 圆锥面车削循环

C. 螺纹车削循环　　　　　　　　　D. 端面车削循环

405. 进行基准重合时工序尺寸的计算，应从（　　）道工序算起。

A. 最开始第四　　　　　　　　　　B. 任意

C. 中间第三　　　　　　　　　　　D. 最后一

406. 对于卧式数控车床而言，其单项切削精度分别为（　　）精度。

A. 外圆切削、内圆切削和沟槽切削

B. 内圆切削、端面切削和沟槽切削

C. 圆弧面切削、端面切削和外圆切削

D. 外圆切削、端面切削和螺纹切削

407. 遵守法律法规要求（　　）。

A. 积极工作　　　　　　　　　　　B. 加强劳动协作

C. 自觉加班　　　　　　　　　　　D. 遵守安全操作规程

408. （　　）的说法属于禁语。

A. "问别人去"　　　　　　　　　　B. "请稍候"

C. "抱歉"　　　　　　　　　　　　D. "同志"

409. 职业道德与人的事业的关系是（　　）。

A. 有职业道德的人一定能够获得事业成功

B. 没有职业道德的人不会获得成功

C. 事业成功的人往往具有较高的职业道德

D. 缺乏职业道德的人往往更容易获得成功

410. 在宏程序段 "R1 = R6/R2 – R3 * COS（R4）;" 中优先进行的运算是（　　）（SIEMENS 系统）。

A. COS（R4）　　　　　　　　　　B. R3 *

C. R2 –　　　　　　　　　　　　　D. R6/

411. 采用轴向分线法车削 M24 × P_h16P4 的螺纹，第三条螺旋线的起点相对于第一条螺旋线应该在轴向平移（　　）mm。

A. 4　　　　　B. 8　　　　　C. 12　　　　　D. 16

412. 在运算指令中，形式为 Ri = ASIN（Rj）的函数表示的意义是（　　）（SIEMENS 系统）。

A. 舍入　　　　B. 立方根　　　　C. 合并　　　　D. 反正弦

413. 封闭环的下极限偏差等于各增环的下极限偏差（　　）各减环的上极限偏差之和。

A. 之差加上　　　　　　　　　　　B. 之和减去

C. 加上　　　　　　　　　　　　　D. 之积加上

414. （　　）会形成刀具前面磨损。

A. 较低的切削速度　　　　　　　　B. 较小的切削厚度

C. 加工脆性材料　　　　　　　　　D. 较高的切削速度

415. 选用压力表时，其量程应为系统最高压力的（　　）倍。

    A. 1　　　　　　B. 1.5　　　　　　C. 2　　　　　　　D. 2.5

416. 宏指令的比较运算符中"NE"表示（　　）（FANUC 系统、华中系统）。

    A. =　　　　　　B. ≠　　　　　　C. ≤　　　　　　　D. >

417. 嵌套子程序调用结束后将返回（　　）（FANUC 系统、华中系统）。

    A. 本子程序开始　　　　　　　　B. 主程序

    C. 上一层子程序中　　　　　　　D. 下一层子程序中

418. （　　）不会减小车削细长轴过程中的径向切削力。

    A. 加大前角　　　　　　　　　　B. 减小后角

    C. 采用正的刃倾角　　　　　　　D. 减小倒棱宽度

419. 系统面板上 OFFSET 键的功能是（　　）设定与显示。

    A. 补偿量　　　　　　　　　　　B. 加工余量

    C. 偏置量　　　　　　　　　　　D. 总余量

420. 适应性最广的毛坯种类是（　　）。

    A. 铸件　　　　　　　　　　　　B. 锻件

    C. 粉末冶金件　　　　　　　　　D. 型材

421. 在机床上改变加工对象的形状、尺寸和表面质量，使其成为零件的过程称为（　　）。

    A. 机械加工工艺过程　　　　　　B. 工序

    C. 工步　　　　　　　　　　　　D. 工位

422. 职业道德不体现（　　）。

    A. 从业者对所从事职业的态度　　B. 从业者的工资收入

    C. 从业者的价值观　　　　　　　D. 从业者的道德观

423. 在变量赋值方法 I 中，引数（自变量）A 对应的变量是（　　）（FANUC 系统）。

    A. #101　　　　　B. #31　　　　　C. #21　　　　　　D. #1

424. 图示装配图中的尺寸 0～146 mm 属于（　　）。

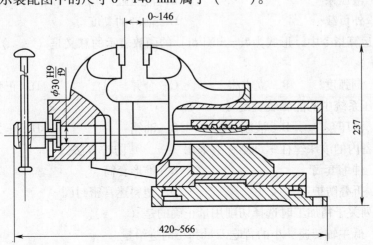

A. 装配尺寸　　　　　　　　B. 安装尺寸

C. 性能（规格）尺寸　　　　D. 总体尺寸

425. 车削铸造或锻造毛坯件的大平面时宜选用（　　）车刀。

A. 90°　　　B. 45°　　　C. 75°　　　D. 95°

426. CAD/CAM 中 IGES 和 STEP 标准用于（　　）的转换。

A. 不同数控系统之间数控程序

B. 刀具轨迹和数控程序

C. 不同 CAD 软件间 CAD 图形数据

D. 不同 CAM 软件加工轨迹

427. 遵守法律法规不要求（　　）。

A. 延长劳动时间　　　　　　B. 遵守操作程序

C. 遵守安全操作规程　　　　D. 遵守劳动纪律

428. 如要表达"如果 A 大于或等于 B，那么转移执行程序 C"，下面语句中正确的是（　　）（FANUC 系统）。

A. WHILE［A GE B］DO C　　B. WHILE［A LT B］DO C

C. IF［A GE B］GOTO C　　　D. IF［A LT B］GOTO C

429. 通常将深度与直径之比大于（　　）的孔称为深孔。

A. 3　　　B. 5　　　C. 10　　　D. 8

430. 数控机床的切削精度是一种（　　）精度。

A. 静态　　　B. 动态　　　C. 形状　　　D. 位置

431. 一般而言，增大工艺系统的（　　）可有效地降低振动强度。

A. 刚度　　　B. 强度　　　C. 精度　　　D. 硬度

432. Ra 数值反映了零件的（　　）。

A. 尺寸误差　　　　　　　　B. 表面波度

C. 形状误差　　　　　　　　D. 表面粗糙度

433. 液压传动中工作压力取决于（　　）。

A. 液压泵　　　　　　　　　B. 液压缸

C. 外负载　　　　　　　　　D. 油液的黏度

434. 在运算指令中，形式为 #i = SIN［#j］的函数表示的意义是（　　）（FANUC 系统、华中系统）。

A. 圆弧度　　　B. 立方根　　　C. 合并　　　D. 正弦

435. 液压系统中的能源装置是（　　）。

A. 液压泵　　　B. 液压马达　　　C. 油箱　　　D. 压力阀

436. 设备内的滚珠丝杠螺母副一般采用（　　）防护方法。

A. 伸缩套筒　　　　　　　　B. 锥形套筒

C. 折叠防护罩　　　　　　　D. 塑料迷宫密封圈

437. 下列关于精加工时选择切削用量正确的是（　　）。

A. 低主轴转速、小的背吃刀量和小的进给量

    B. 高主轴转速、小的背吃刀量和小的进给量

    C. 高主轴转速、大的背吃刀量和小的进给量

    D. 低主轴转速、小的背吃刀量和大的进给量

438. 华中数控车床系统中"G80 X __ Z __ F __;"是（　　）指令。

    A. 圆柱车削循环　　　　　　　　B. 圆锥车削循环

    C. 螺纹车削循环　　　　　　　　D. 端面车削循环

439. 下列变量引用段中正确的引用格式为（　　）（FANUC 系统、华中系统）。

    A. G01 X[#1 + #2] F[#3]　　　　B. G01 X#1 + #2 F#3

    C. G01 X = #1 + #2 F = #3　　　　D. G01 Z# – 1 F#3

440. 三爪自定心卡盘内的平面螺旋误差造成工件定位误差属于（　　）引起的基准位移误差。

    A. 定位表面和定位元件之间有间隙

    B. 工件定位基准制造误差

    C. 定位元件误差

    D. 定位机构误差

441. 丝杠零件图中梯形螺纹各部分尺寸采用（　　）表示。

    A. 俯视图　　　　　　　　　　　B. 旋转剖视图

    C. 全剖视图　　　　　　　　　　D. 局部牙型放大图

442. 正弦函数运算中的角度单位是（　　）（SIEMENS 系统）。

    A. 弧度　　　　B. 度　　　　C. 分　　　　D. 秒

443. 车削外圆时发现由于刀具磨损，直径超差 – 0.01 mm，刀具偏置中的磨损补偿应输入的补偿值为（　　）mm。

    A. 0.02　　　B. 0.01　　　C. – 0.02　　　D. – 0.01

444. "feed per revolution = 0.3 mm"的含义是（　　）。

    A. 每分钟进给 0.3 mm　　　　　B. 每齿切削厚度为 0.3 mm

    C. 每转进给 0.3 mm　　　　　　D. 每秒进给 0.3 mm

445. $\phi25^{+0.021}_{0}$ mm 的孔与 $\phi25^{-0.020}_{-0.033}$ mm 的轴相配合时，其最大间隙是（　　）mm。

    A. 0.02　　　B. 0.033　　　C. 0.041　　　D. 0.054

446. 钻小径孔或长径比较大的深孔时应采取（　　）的方法。

    A. 低转速、低进给量　　　　　　B. 高转速、低进给量

    C. 低转速、高进给量　　　　　　D. 高转速、高进给量

447. 主轴噪声增大的原因主要包括（　　）。

    A. 机械手转位不准确　　　　　　B. 主轴部件松动或脱开

    C. 变压器有问题　　　　　　　　D. 速度控制单元有故障

448. 三针测量法的最佳量针直径应是使量针的（　　）与螺纹中径处牙侧面相切。

    A. 直径　　　　B. 横截面　　　　C. 斜截面　　　　D. 四等分点

449. 对一般硬度的钢材进行高速切削应选择（　　）刀具。

    A. 高速钢　　　　　　　　　　　B. 立方氮化硼

C. 涂层硬质合金　　　　　　　　　　D. 陶瓷

450. 采用成形刀具加工成形面的缺点是（　　　）。
    A. 加工方法复杂　　　　　　　　　　B. 生产效率与生产规模相关
    C. 成形精度差　　　　　　　　　　　D. 切削时容易产生振动

451. 对于位置精度要求较高的工件不宜采用（　　　）。
    A. 专用夹具　　　　　　　　　　　　B. 通用夹具
    C. 组合夹具　　　　　　　　　　　　D. 三爪自定心卡盘

452. 如要编程实现"如果 R1 大于或等于 R2，那么程序向后跳转至 LABEL1 程序
    段"，下面语句中正确的是（　　　）（SIEMENS 系统）。
    A. GOTOF LABEL1　　　　　　　　　B. GOTOB LABEL1
    C. IF R1 > = R2 GOTOF LABEL1　　D. IF R1 > = R2 GOTOB LABEL1

453. 运算式"#j GT #k"中关系运算符 GT 表示（　　　）（FANUC 系统、华中系统）。
    A. 与　　　　　　B. 非　　　　　　C. 大于　　　　　　D. 加

454. 下列一组公差带代号中（　　　）可与基准孔 ϕ42H7 形成间隙配合。
    A. ϕ42g6　　　　　　　　　　　　B. ϕ42n6
    C. ϕ42m6　　　　　　　　　　　　D. ϕ42s6

455. 子程序是不能脱离（　　　）而单独运行的（SIEMENS 系统）。
    A. 主程序　　　　　　　　　　　　　B. 宏程序
    C. 循环程序　　　　　　　　　　　　D. 跳转程序

456. "WHILE…；…；ENDW；"是（　　　）（华中系统）。
    A. 赋值语句　　　　　　　　　　　　B. 条件判别语句
    C. 循环语句　　　　　　　　　　　　D. 无条件转移语句

457. 对于尺寸精度、表面质量要求较高的深孔零件，如采用实体毛坯，其加工路
    线是（　　　）。
    A. 钻孔—扩孔—精铰　　　　　　　　B. 钻孔—粗铰—车孔—精铰
    C. 扩孔—车孔—精铰　　　　　　　　D. 钻孔—扩孔—粗铰—精铰

458. 设计夹具时，定位元件的公差约等于工件公差的（　　　）。
    A. 1/2　　　　　　B. 2 倍　　　　　　C. 1/3　　　　　　D. 3 倍

459. 只能用于两平行轴之间的传动方式是（　　　）。
    A. 链传动　　　　　　　　　　　　　B. 齿轮传动
    C. 蜗杆传动　　　　　　　　　　　　D. 带传动

460. G75 指令是沿（　　　）方向进行切槽循环加工的（FANUC 系统）。
    A. X 轴　　　　　　　　　　　　　　B. Z 轴
    C. Y 轴　　　　　　　　　　　　　　D. C 轴

461. 嵌套子程序调用结束后将返回（　　　）（SIEMENS 系统）。
    A. 本子程序开始　　　　　　　　　　B. 主程序
    C. 上一层子程序中　　　　　　　　　D. 下一层子程序中

462. 下列关于公差的数值说法正确的是（　　　）。

A. 必须为正值　　　　　　　B. 必须大于零或等于零

C. 必须为负值　　　　　　　D. 可以为正值、负值和零

463. 测量薄壁零件时，容易引起测量变形的主要原因是（　　）选择不当。

A. 量具　　　　　　　　　　B. 测量基准

C. 测量压力　　　　　　　　D. 测量方向

464. 职业道德的内容包括（　　）。

A. 从业者的工作计划　　　　B. 职业道德行为规范

C. 从业者享有的权利　　　　D. 从业者的工资收入

465. 允许间隙或过盈的变动量称为（　　）。

A. 最大间隙　　　　　　　　B. 最大过盈

C. 配合公差　　　　　　　　D. 变动误差

466. 由温度、振动等因素引起的测量误差是（　　）。

A. 操作误差　　　　　　　　B. 环境误差

C. 方法误差　　　　　　　　D. 量具误差

467. Tr30 ×6 表示（　　）。

A. 螺距为 12 mm 的右旋梯形螺纹　B. 螺距为 6 mm 的右旋三角形螺纹

C. 螺距为 12 mm 的左旋梯形螺纹　D. 螺距为 6 mm 的右旋梯形螺纹

468. 偏心夹紧装置使用在（　　）的场合。

A. 要求夹紧力大　　　　　　B. 不要求夹紧力大

C. 加工中振动大　　　　　　D. 加工中振动小

469. 装配图中相同的零部件组可以仅画出一组，其他的只需用（　　）表示出其位置。

A. 细双点画线　　　　　　　B. 细点画线

C. 虚线　　　　　　　　　　D. 粗实线

470. 装配图中相邻两零件的非配合表面应该画（　　）。

A. 一条粗实线　　　　　　　B. 两条粗实线

C. 一条线加文字说明　　　　D. 两条细实线

471. 电动机转速超过设定值的原因不包括（　　）。

A. 主轴电动机电枢部分故障　B. 主轴控制板故障

C. 机床参数设定错误　　　　D. 伺服电动机故障

472. 在华中数控系统中，G71 指令是以其程序段中指定的背吃刀量，沿平行于（　　）的方向进行多重粗切削加工的。

A. X 轴　　　　B. Z 轴　　　　C. Y 轴　　　　D. C 轴

473. 数控车床的换刀指令代码是（　　）。

A. M　　　　B. S　　　　C. D　　　　D. T

474. 数控机床的主程序调用子程序用指令（　　）（FANUC 系统、华中系统）。

A. M98 L＿ P＿；　　　　B. M98 P＿ L＿；

C. M99 L＿ P＿；　　　　D. M99 P＿ L＿；

475. 在数控车床上精车球形手柄零件时一般使用（   ）车刀。

    A. 90°外圆   B. 45°外圆

    C. 圆弧形外圆   D. 槽形

476. 在测绘零件时，要特别注意分析有装配关系的零件的（   ）。

    A. 配合处尺寸   B. 配合性质

    C. 材料   D. 磨损程度

477. 宏程序中大于的运算符为（   ）（SIEMENS 系统）。

    A. = =   B. <   C. >   D. > =

478. 下列误差中（   ）是原理误差。

    A. 工艺系统的制造精度   B. 工艺系统的受力变形

    C. 数控机床的插补误差   D. 传动系统的间隙

479. 下列不属于数控加工仿真功能的是（   ）。

    A. 数控机床工作状况分析

    B. 加工过程模拟，验证程序的正确性

    C. 分析加工过程中刀具发生的物理变化

    D. 优化加工过程

480. 能够从两面进行装配的螺纹连接类型是（   ）。

    A. 螺钉连接   B. 双头螺柱连接

    C. 螺栓连接   D. 紧定螺钉连接

481. 退火、正火一般安排在（   ）之后。

    A. 毛坯制造   B. 粗加工   C. 半精加工   D. 精加工

482. 采用（   ）的位置伺服系统只接收数控系统发出的指令信号，而无反馈信号。

    A. 闭环控制   B. 半闭环控制

    C. 开环控制   D. 与控制形式无关

483. 直流电动机的额定功率是指其按规定方式额定工作时轴上输出的（   ）。

    A. 电功率   B. 有功功率

    C. 机械功率   D. 无功功率

484. 作定位元件用的 V 形架上两斜面间的夹角以（   ）应用最多。

    A. 30°   B. 60°   C. 90°   D. 120°

485. 下列以 RET 作为程序结束的程序是（   ）（SIEMENS 系统）。

    A. 主程序   B. 子程序   C. 增量程序   D. 宏程序

486. 加工一个 10 mm × 10 mm、深 50 mm，允许误差为 0.05 mm，圆角为 0.5 mm 的凹坑应采取（   ）。

    A. 电火花加工   B. 铣削加工

    C. 激光加工   D. 电解加工

487. 螺纹标准中没有规定螺距和牙型角的公差，而是由（   ）对这两个要素进行综合控制。

    A. 大径公差   B. 中径公差

C. 底径公差　　　　　　　　　D. 顶径公差

488. 参数号 R100 ~ R249 属于（　　）（SIEMENS 系统）。

A. 加工循环传递参数　　　　　B. 加工循环内部计算参数

C. 自由参数　　　　　　　　　D. 系统参数

489. 表示正切函数的运算指令是（　　）（SIEMENS 系统）。

A. Ri = TAN(Rj)　　　　　　　B. Ri = ATAN2(Rj)

C. Ri = FIX(Rj)　　　　　　　D. Ri = COS(Rj)

490. 采用试切法对刀，测量试切外圆直径等于 39.946 mm 时显示 X 坐标位置 209.6 mm，X 轴的几何位置偏置补偿值是（　　）mm。

A. 249.546　　B. 39.946　　　C. 169.654　　　　D. 189.627

491. 聚晶金刚石刀具只适用于加工（　　）工件。

A. 铸铁　　　　　　　　　　　B. 碳素钢

C. 合金钢　　　　　　　　　　D. 有色金属

492. 用于二维数控加工编程最简便的建模技术是（　　）。

A. 线框模型　　　　　　　　　B. 面模型

C. 实体模型　　　　　　　　　D. 特征模型

493. 过盈配合具有一定的过盈量，主要用于结合件间无相对运动（　　）的静连接。

A. 可拆卸　　　　　　　　　　B. 不经常拆卸

C. 不可拆卸　　　　　　　　　D. 常拆卸

494. 钻头直径越大，进给速度应（　　）。

A. 越快　　　　　　　　　　　B. 越慢

C. 与钻头直径无关　　　　　　D. 任意

495. 在变量赋值方法 Ⅱ 中，自变量地址 J4 对应的变量是（　　）（FANUC 系统）。

A. #40　　　　B. #34　　　　C. #14　　　　　　D. #24

496. 深孔加工的关键是深孔钻的（　　）问题。

A. 几何形状和冷却、排屑　　　B. 几何角度

C. 钻杆刚度　　　　　　　　　D. 冷却和排屑

497. 沿第三轴正方向面对加工平面，按刀具前进方向确定刀具在工件的右边时应用（　　）补偿指令。

A. G40　　　　B. G41　　　　C. G42　　　　　　D. G43

498. G76 指令主要用于（　　）的加工，以简化编程（华中系统）。

A. 车槽　　　　B. 钻孔　　　　C. 端面　　　　　D. 螺纹

499. 刀具的几何尺寸偏置确定了刀具相对于（　　）的位置。

A. 刀架上基准点　　　　　　　B. 机床原点

C. 程序原点　　　　　　　　　D. 换刀点

500. 当刀尖半径为 0.4 mm，要求表面粗糙度值小于 10 μm 时，车削进给量 F 应取（　　）mm/r。

A. 0.063　　　B. 0.88　　　C. 0.177　　　　　D. 0.354

501. 切削高温合金时，刀具后角要稍大一些，前角应取（　　）。

A. 正值　　　B. 负值　　　C. 0°　　　　　　　D. 任意值

502. 变量根据变量号可以分成四种类型，其中（　　）只能用在宏程序中存储数据（FANUC 系统）。

A. 空变量　　　　　　　　B. 局部变量

C. 公共变量　　　　　　　D. 系统变量

503. 工件定位时，用来确定工件在夹具中位置的基准称为（　　）。

A. 设计基准　　　　　　　B. 定位基准

C. 工序基准　　　　　　　D. 测量基准

504. 表达式 Ri = LN(Rj) 是（　　）运算（SIEMENS 系统）。

A. 自然对数　　　　　　　B. 指数函数

C. 下取整　　　　　　　　D. 上取整

505. 对切削力影响最大的参数是（　　）。

A. 背吃刀量　　　　　　　B. 切削速度

C. 进给量　　　　　　　　D. 主偏角

506. 尺寸标注 $\phi30H7$ 中 H 表示公差带中的（　　）。

A. 基本偏差　　　　　　　B. 下极限偏差

C. 上极限偏差　　　　　　D. 公差

507. 轴上零件固定方法中（　　）可以周向、轴向同时固定，在过载时有保护功能，轴和轴上零件不会损坏。

A. 键连接　　　　　　　　B. 销连接

C. 紧定螺钉连接　　　　　D. 过盈配合

508. "IF…；…；ENDIF；"是（　　）（华中系统）。

A. 赋值语句　　　　　　　B. 条件判别语句

C. 循环语句　　　　　　　D. 无条件转移语句

509. 使用千分尺时，采用（　　）可以减少温度对测量结果的影响。

A. 多点测量，取平均值法　　B. 多人测量，取平均值法

C. 精度更高的测量仪器　　　D. 等温法

510. 在程序段"CYCLE97（42，0，−35，42，42，10，3，1.23，0，30，0，5，2，3，1）；"中，螺纹加工类型为（　　）（SIEMENS 系统）。

A. 10　　　B. 1.23　　　C. 2　　　　　D. 3

511. 可以实现无切削的毛坯种类是（　　）。

A. 铸件　　　B. 锻件　　　C. 粉末冶金件　　　D. 型材

512. 在 WHILE 后指定一个条件表达式，当指定条件满足时，则执行（　　）（FANUC 系统）。

A. WHILE 到 DO 之间的程序　　B. DO 到 END 之间的程序

C. END 之后的程序　　　　　　D. 程序结束复位

513. 下列不符合机床维护操作规程的是（　　　）。

　　A. 有交接班记录　　　　　　　　B. 备份相关设备技术参数

　　C. 机床 24 h 运转　　　　　　　　D. 操作人员培训上岗

514. 百分表的分度值是（　　　）mm。

　　A. 0.1　　　　B. 0.01　　　　C. 0.001　　　　D. 0.000 1

515. 下列关于定位误差的理解正确的是（　　　）。

　　A. 夹具定位元件精度高，定位误差不会超差

　　B. 工件定位表面精度高，定位误差不会超差

　　C. 设计基准和定位基准重合就不会有定位误差

　　D. 工序基准沿工序尺寸方向有变动量就有定位误差

516. 道德和法律的关系是（　　　）。

　　A. 互不相干　　　　　　　　　　B. 相辅相成、相互促进

　　C. 相互矛盾和冲突　　　　　　　D. 法律涵盖了道德

517. 宏指令的比较运算符中"＝＝"表示（　　　）（SIEMENS 系统）。

　　A. 等于　　　　B. 不等于　　　　C. 小于　　　　D. 大于

518. 程序段"IF［#2 EQ 10］…;"中"#2 EQ 10"表示（　　　）（FANUC 系统、华中系统）。

　　A. #2 中的赋值小于 10　　　　　B. #2 中的赋值大于 10

　　C. #2 中的赋值等于 10　　　　　D. #2 中的赋值不等于 10

519. R 参数由 R 地址与（　　　）组成（SIEMENS 系统）。

　　A. 数字　　　　B. 字母　　　　C. 运算符号　　　　D. 下画线

520. 下列指令中（　　　）是切槽循环指令（SIEMENS 系统）。

　　A. CYCLE93　　　　　　　　　　B. CYCLE95

　　C. CYCLE96　　　　　　　　　　D. CYCLE97

521. 返回机床参考点的作用是（　　　）。

　　A. 消除丝杠螺距间隙　　　　　　B. 消除工作台面反向间隙

　　C. 建立机床坐标系　　　　　　　D. 建立工件坐标系

522. 选择液压油的主要依据是（　　　）。

　　A. 密度　　　　B. 颜色　　　　C. 可压缩性　　　　D. 黏度

523. 需要凸轮和从动杆在同一平面内运动，且行程较短，应该采用（　　　）。

　　A. 圆锥凸轮　　　　　　　　　　B. 移动凸轮

　　C. 圆柱凸轮　　　　　　　　　　D. 盘状凸轮

524. 手工建立新的程序时，必须最先输入的是（　　　）。

　　A. 程序段号　　　B. 刀具号　　　C. 程序名　　　D. G 代码

525. 下列孔、轴配合中，不应选用过渡配合的是（　　　）。

　　A. 既要求对中，又要拆卸方便

　　B. 工作时有相对运动

　　C. 保证静止或传递载荷的可拆结合

D. 要求定心好，载荷由键传递

526. 在运算指令中，形式为#i = ASIN［#j］的函数表示的意义是（　　）（FANUC 系统、华中系统）。

  A. 舍入   B. 立方根   C. 合并   D. 反正弦

527. 职业道德的实质内容是（　　）。

  A. 树立新的世界观   B. 树立新的就业观念

  C. 增强竞争意识   D. 树立全新的社会主义劳动态度

528. 采用试切法对刀，测量试切内孔直径等于 $\phi56.484$ mm 时显示 X 坐标位置 55.20 mm，X 轴的几何位置偏置补偿值是（　　）mm。

  A. 111.684 B. -1.284 C. 56.484 D. 83.442

529. 交流电动机直接启动控制方式中，会因（　　）过大而影响同一线路其他负载的正常工作。

  A. 启动电压 B. 启动电流 C. 启动转矩   D. 启动转速

530. 已知两圆的方程，需联立两圆的方程求两圆交点，如果判别式（　　），则说明两圆弧没有交点。

  A. $\Delta=0$ B. $\Delta<0$ C. $\Delta>0$ D. 不能判断

531. 在宏程序变量表达式中运算次序优先的为（　　）（FANUC 系统、华中系统）。

  A. 乘和除运算   B. 最内层的方括号里的表达式

  C. 函数   D. 加和减

532. 一个批量生产的零件存在设计基准和定位基准不重合的现象，该工件在批量生产时（　　）。

  A. 可以通过首件加工和调整使整批零件加工合格

  B. 不可能加工出合格的零件

  C. 不影响加工质量

  D. 加工质量不稳定

533. 下列关于小锥度心轴叙述正确的是（　　）。

  A. 轴向定位精度高   B. 装夹的工件不容易拆卸

  C. 适用于短定位孔工件的精加工 D. 锥度越大楔紧的力越大

534. 在圆弧逼近零件轮廓的计算中，整个曲线是由一系列彼此（　　）的圆弧逼近实现的。

  A. 分离或重合 B. 分离   C. 垂直   D. 相切

535. 宏程序中大于或等于的运算符为（　　）（FANUC 系统、华中系统）。

  A. LE   B. EQ   C. GE   D. NE

536. 采用斜向进刀法车削螺纹，每刀进给深度为 0.23 mm，编程时每次执行螺纹指令前 Z 轴位置应该（　　）。

  A. 在同一位置

  B. 在与上次位置平移一个螺距的位置

C. 在与上次位置平移 0. 23 mm 的位置

D. 在与上次位置平移 0. 133 mm 的位置

537. "tool diameter is 25 mm" 的含义是（　　）。

    A. 刀具直径为 25 mm　　　　　　B. 刀具长度为 25 mm

    C. 毛坯直径为 25 mm　　　　　　D. 刀具半径为 25 mm

538. 在运算指令中，形式为 Ri = TAN(Rj) 的函数表示的意义是（　　）（SIEMENS 系统）。

    A. 误差　　　　B. 对数　　　　C. 正切　　　　D. 余切

539. （　　）的工件适用于在数控机床上加工。

    A. 粗加工　　　　　　　　　　B. 普通机床难加工

    C. 毛坯余量不稳定　　　　　　D. 批量大

540. 低压断路器欠电压脱扣器的额定电压（　　）线路额定电压。

    A. 大于　　　　B. 等于　　　　C. 小于　　　　D. 等于 50%

541. 钢的热处理工艺中（　　）可以改善切削性能。

    A. 表面处理　　　　　　　　　B. 正火和退火

    C. 淬火　　　　　　　　　　　D. 回火

542. 在运算指令中，形式为 #i = COS[#j] 的函数表示的意义是（　　）（FANUC 系统、华中系统）。

    A. 正弦　　　　B. 余弦　　　　C. 反正弦　　　　D. 反余弦

543. 检测工具的精度必须比所测的几何精度（　　）个等级。

    A. 高一　　　　B. 低两　　　　C. 低三　　　　D. 低四

544. 指定 G41 或 G42 指令必须在含有（　　）指令的程序段中才能生效。

    A. G00 或 G01　　　　　　　　B. G02 或 G03

    C. G01 或 G02　　　　　　　　D. G01 或 G03

545. PLC 梯形图中编程元件的元件号采用（　　）进制。

    A. 十　　　　B. 二　　　　C. 八　　　　D. 十六

546. 编制加工槽等宽的变导程螺纹车削程序时要（　　）。

    A. 每转过 360° 修改螺距

    B. 分多次进刀，每次改变轴向起始位置

    C. 分多次进刀，每次改变在圆周上的起始位置

    D. 分多次进刀，每次同时改变轴向起始位置和圆周上的起始位置

547. 气压传动的优点是（　　）。

    A. 可长距离输送　　　　　　　B. 稳定性好

    C. 输出压力高　　　　　　　　D. 干净环保

548. 子程序嵌套是指（　　）（SIEMENS 系统）。

    A. 同一子程序被连续调用

    B. 在主程序中调用子程序，在子程序中可以继续调用子程序

    C. 在主程序中调用不同的子程序

D. 同一子程序可以被不同主程序多重调用

549. "IF R1 > = R2 GOTOF LABEL1 ；…；LABEL1：…；"是（　　）（SIEMENS 系统）。
    A. 赋值语句
    B. 条件跳转语句
    C. 循环语句
    D. 无条件跳转语句

550. 闭环控制系统的位置检测装置装在（　　）。
    A. 传动丝杠上
    B. 伺服电动机轴上
    C. 数控装置中
    D. 机床移动部件上

551. 下列说法中不符合语言规范具体要求的是（　　）。
    A. 语感自然
    B. 用尊称，不用忌语
    C. 语速适中，不快不慢
    D. 态度冷淡

552. 选择毛坯生产方式的原则首先是（　　）。
    A. 考虑经济性
    B. 是否有良好的工艺性
    C. 保证使用性能
    D. 生产可行性

553. 由于难加工材料的切削加工均处于高温、高压边界润滑摩擦状态，因此，应选择含（　　）的切削液。
    A. 极压添加剂
    B. 油性添加剂
    C. 表面添加剂
    D. 高压添加剂

554. 用三爪自定心卡盘装夹、车削偏心工件适宜于（　　）的生产要求。
    A. 单件、小批量
    B. 精度要求高
    C. 长度较短工件
    D. 偏心距较小工件

555. 子程序嵌套是指（　　）（FANUC 系统、华中系统）。
    A. 同一子程序被连续调用
    B. 在主程序中调用子程序，在子程序中可以继续调用子程序
    C. 在主程序中调用不同的子程序
    D. 同一子程序可以被不同主程序多重调用

556. 数控加工仿真中（　　）属于物理性能仿真。
    A. 加工精度检查
    B. 加工程序验证
    C. 刀具磨损分析
    D. 优化加工过程

557. 三针法配合外径千分尺用于测量螺纹的（　　）。
    A. 大径
    B. 小径
    C. 底径
    D. 中径

558. 一把梯形螺纹车刀的左侧后角是0°，右侧后角是8°，这把车刀（　　）。
    A. 可以加工右旋梯形螺纹
    B. 可以加工左旋梯形螺纹
    C. 与被加工螺纹的旋向无关
    D. 不可以使用

559. 导致细长杆车削过程中工件卡死的原因是（　　）。
    A. 径向切削力过大
    B. 工件高速旋转时离心力作用
    C. 毛坯自重
    D. 工件受热

560. 气泵压力设定不当会造成机床（　　）的现象。

A. 无气压　　　　　　　　　B. 气压过低

C. 气泵不工作　　　　　　　D. 气压表损坏

561. 三针测量法中用的量针直径尺寸与（　　　）。

　　A. 螺距和牙型角都有关　　　B. 螺距有关，与牙型角无关

　　C. 螺距无关，与牙型角有关　D. 牙型角有关

562. 变量号#100～#199 属于（　　　）（FANUC 系统）。

　　A. 系统变量　　　　　　　　B. 局部变量

　　C. 公共变量　　　　　　　　D. 空变量

563. 普通车床上车削螺纹时通过（　　　）改变螺纹导程。

　　A. 进给箱　　　B. 溜板箱　　　C. 光杠　　　D. 丝杠

564. 传动轴的功能是（　　　）。

　　A. 实现往复运动和旋转运动间的转换

　　B. 承受弯矩

　　C. 承受转矩

　　D. 承受弯矩和转矩

565. 若#24、#26 表示的是加工点的 X、Z 坐标，则描述其 X 和 Z 向运动关系的宏程序段 "#26 = [#1/#2] * SQRT{#2 * #2 - #24 * #24};" 所描述的加工路线是（　　　）（FANUC 系统、华中系统）。

　　A. 圆弧　　　B. 椭圆　　　C. 抛物线　　　D. 双曲线

566. 在运算指令中，形式为#i = FUP[#j] 的函数表示的意义是（　　　）（FANUC 系统）。

　　A. 四舍五入整数化　　　　　B. 舍去小数点

　　C. 小数点以下舍去　　　　　D. 下取整

567. 在程序段 "G72 W(Δd) R(r) P(ns) Q(nf) X(Δx) Z(Δz) F(f) S(s) T(t);" 中，（　　　）表示精加工路径的第一个程序段顺序号（华中系统）。

　　A. Δz　　　B. ns　　　C. Δx　　　D. nf

568. 爱岗敬业的具体要求是（　　　）。

　　A. 看效益决定是否爱岗　　　B. 转变择业观念

　　C. 提高职业技能　　　　　　D. 增强把握择业机遇的意识

569. G94 循环切削过程按顺序分为四个步骤，其中第（　　　）步是按进给速度进给（FANUC 系统）。

　　A. 1、2　　　B. 2、3　　　C. 3、4　　　D. 1、4

570. 在孔即将钻透时，应（　　　）。

　　A. 提高进给速度　　　　　　B. 减慢进给速度

　　C. 保持进给速度均匀　　　　D. 先提高后减慢进给速度

571. 在 WHILE 后指定一个条件表达式，当指定条件不满足时，则执行（　　　）（FANUC 系统）。

　　A. WHILE 到 DO 之间的程序　　B. DO 到 END 之间的程序

C．END 之后的程序　　　　　　　　D．程序结束复位

572．夹紧力的作用点应尽量靠近（　　），防止工件振动变形。

A．待加工表面　　　　　　　　　　B．已加工表面

C．不加工表面　　　　　　　　　　D．定位表面

573．采用复合螺纹加工指令中的单侧切削法车削 60°公制螺纹，为了避免后边缘摩擦导致已加工表面质量差，应该把刀尖角参数设置为（　　）。

A．29°　　　　　B．55°　　　　　C．60°　　　　　D．30°

574．进行孔类零件加工时，钻孔—车孔—倒角—精车孔的方法适用于（　　）。

A．低精度孔　　　　　　　　　　　B．高精度孔

C．小孔径的盲孔　　　　　　　　　D．大孔径的盲孔

575．电气控制原理图中各电气元件的触点是（　　）状态。

A．通电时　　　　　　　　　　　　B．受外力时

C．未通电时　　　　　　　　　　　D．根据情况而定

576．局域网内的设备依靠（　　）识别。

A．设备名称　　　　　　　　　　　B．设备编号

C．IP 地址　　　　　　　　　　　　D．设备功能

577．若 $Ri = TRUNC(Rj)$；$Rj = 2.325$；则 Ri 的赋值是（　　）（SIEMENS 系统）。

A．2　　　　　　B．2.3　　　　　C．2.5　　　　　D．3

578．根据工件的加工要求，可允许进行（　　）。

A．欠定位　　　　　　　　　　　　B．过定位

C．不完全定位　　　　　　　　　　D．不定位

579．使用一般规格的百分表时，为了保持一定的起始测量力，测头与工件接触时测杆应有（　　）mm 的压缩量。

A．0.1～0.3　　　　　　　　　　　B．0.3～0.5

C．0.5～0.7　　　　　　　　　　　D．0.7～1.0

580．华中数控车系统中 G76 是（　　）指令。

A．螺纹切削复合循环　　　　　　　B．端面切削循环

C．内外径粗车复合循环　　　　　　D．封闭轮廓复合循环

581．加工下图所示的凹槽，已知刀宽为 2 mm。

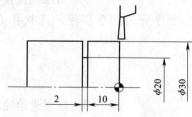

（程序一）…；

G00 X30 Z－10；

G01 X20；

…；

（程序二）…；

G00 X30 Z－12；

G01 X20；

…；

（程序三）…；

G00 X30 Z－11；

G01 X20；

…；

据此判断以上程序中正确的是（　　）。

A．程序三　　　B．程序二　　　C．程序一　　　　D．无法判断

582. 对于下图所示的零件轮廓和刀具，精加工外形轮廓时应选用刀尖夹角为
（　　）的菱形刀片。

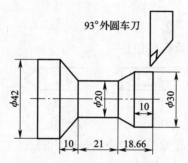

A．35°　　　B．55°　　　C．80°　　　D．90°

583. 对于下图所示的零件轮廓和刀具，精加工外形轮廓时应选用刀尖夹角为
（　　）的菱形刀片。

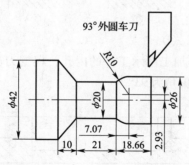

A．35°　　　B．55°　　　C．80°　　　D．90°

584. 下图所示的4把内孔车刀中，在同等加工条件下（　　）号刀振动最小。

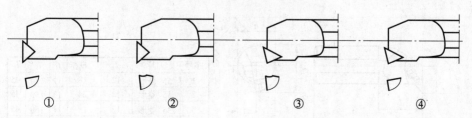

A. ①　　　　B. ②　　　　C. ③　　　　D. ④

585. 如下图所示，在用螺纹千分尺测量螺纹过程中，必须锁紧千分尺上的（　　）。

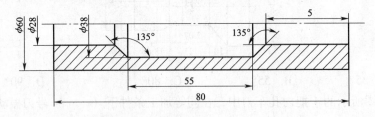

A. ①号爪　　　　　　　　　B. ②号爪

C. 两个都要锁紧　　　　　　D. 两个都不要锁紧

586. 如下图所示，空运行按钮是（　　）。

①　　　②　　　③　　　④

A. ①　　　　B. ②　　　　C. ③　　　　D. ④

587. 如下图所示，单步运行按钮是（　　）。

①　　　②　　　③　　　④

A. ①　　　　B. ②　　　　C. ③　　　　D. ④

588. 能自动纠正少量中心偏差的中心孔是图中的（　　）。

①　　　②　　　③　　　④

A. ①　　　　B. ②　　　　C. ③　　　　D. ④

589. 用下图所示的刀具加工图示工件的内孔，根据刀具表中的参数应该选择序号为（　　）的刀具，已知主偏角为93°。

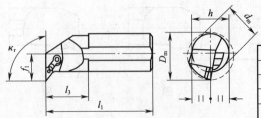

序号	刀片	d_m	D_m	f_1	l_1	l_3
1	55°菱形	12	18	11	150	45
2	55°菱形	14	24	13	150	45
3	35°菱形	12	18	11	150	45
4	35°菱形	14	24	13	150	45

A. 1　　　　　B. 2　　　　　C. 3　　　　　D. 4

590. 如下图所示，刀尖半径补偿的方位号是（　　）。

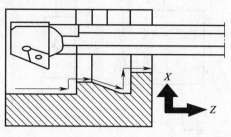

A. 2　　　　　B. 4　　　　　C. 3　　　　　D. 1

591. 如下图所示，A、B 面已加工。现要以 A 面定位铣削槽的 C 面，则本工序的定位尺寸是（　　）。

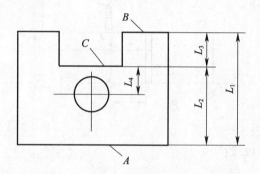

A. L_1　　　　　B. L_2　　　　　C. L_3　　　　　D. L_4

592. 欲测量螺纹 M30 的中径，应该选用下图中（　　）千分尺。

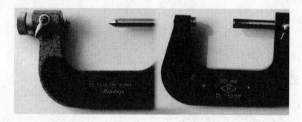

A. 左边的　　　　　　　　B. 右边的
C. 两把中任意一把　　　　D. 两把都不可以

593. 如下图所示，锁定按钮是（　　）。

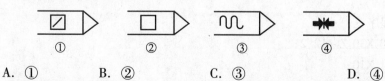

A. ①　　　　　B. ②　　　　　C. ③　　　　　D. ④

594. 如下图所示，采用试切法对刀，试切右端面，显示 Z 坐标位置 147.617 mm，Z 轴的几何位置偏置补偿值是（　　）mm（机床坐标系原点在卡盘底面中心）。

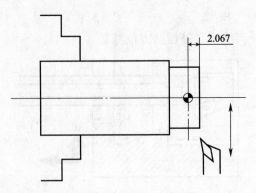

A. 149.684   B. 145.550   C. 2.067   D. 147.617

595. 加工下图所示的凹槽，已知刀宽为 2 mm，对刀点为左侧刀尖。

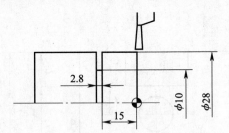

（程序一）…；
G00 X30 Z - 12. 2；
G01 X10；
G00 X28；
G00 Z - 15；
G01 X10；
…；
（程序二）…；
G00 X30 Z - 14. 2；
G01 X10；
G00 X28；
G00 Z - 15；
G01 X10；
…；
（程序三）…；
G00 X30 Z - 12. 2；
G01 X10；
G00 X28；
G00 Z - 13；
G01 X10；
…；

据此判断以上程序中正确的是（　　　）。

A．程序三　　　　　　　　B．程序二

C．程序一　　　　　　　　D．以上选项都不正确

596．下图中（　　　）是推力调心滚子轴承。

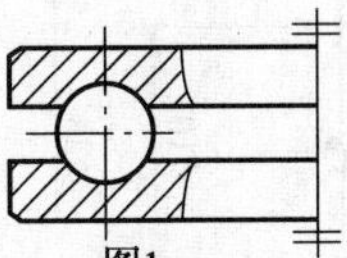

图1 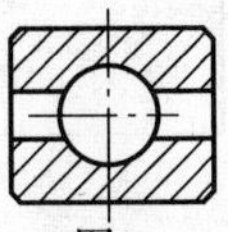　　　　　　　　图2

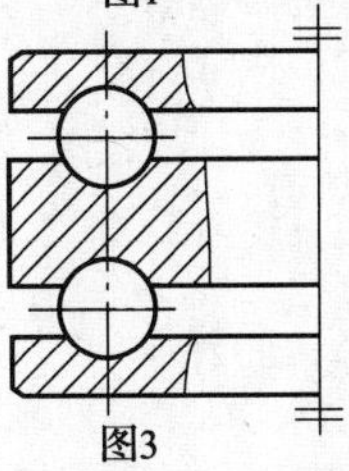

图3 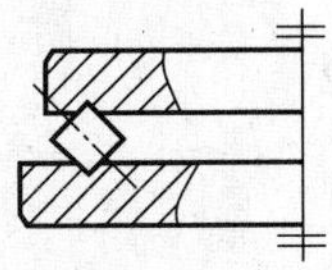　　　　　　　　图4

A．图1　　　B．图2　　　C．图3　　　　D．图4

597．如下图所示，生产中使用最广泛的中心孔是（　　　）。

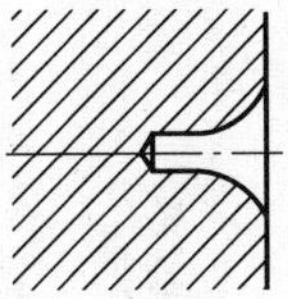

① 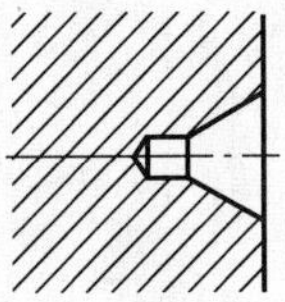　　　　　　② 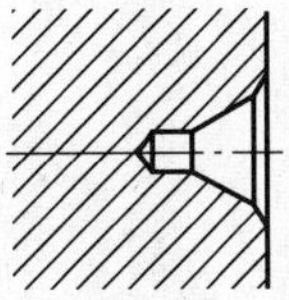　　　　　　③ 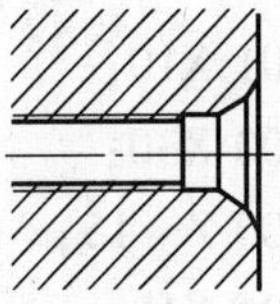　　　　　　④

A．①　　　　B．②　　　　C．③　　　　D．④

598．下图中（　　　）是斜齿圆柱齿轮。

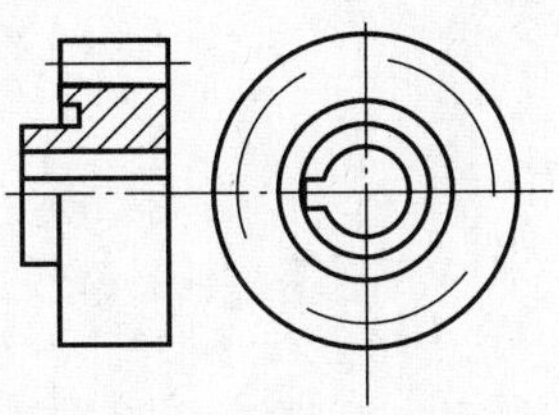

图1 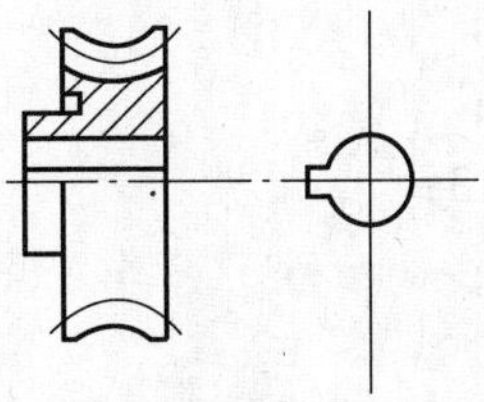　　　　　　　　　　　　　图2

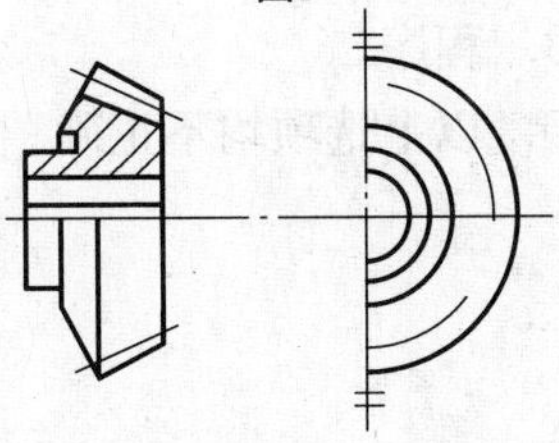

图3 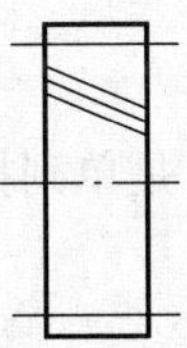　　　　　　　　　　　　图4

A. 图 1   B. 图 2   C. 图 3   D. 图 4

599. 加工下图所示的凹槽，已知刀宽为 2 mm，对刀点为右侧刀尖。

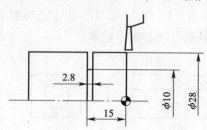

（程序一）…；

G00 X30 Z－12.2；

G01 X10；

G00 X30；

G00 Z－15；

G01 X10；

…；

（程序二）…；

G00 X30 Z－14.2；

G01 X10；

G00 X30；

G00 Z－15；

G01 X10；

…；

（程序三）…；

G00 X30 Z－12.2；

G01 X10；

G00 X30；

G00 Z－13；

G01 X10；

…；

据此判断以上程序中正确的是（   ）。

A. 程序三   B. 程序二

C. 程序一   D. 以上选项均不正确

600. 下图中（   ）是单列推力球轴承。

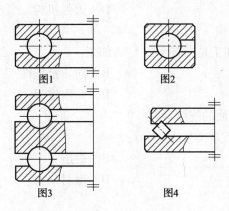

<table>
<tr><td>图1</td><td>图2</td></tr>
<tr><td>图3</td><td>图4</td></tr>
</table>

A. 图1　　　　B. 图2　　　　C. 图3　　　　D. 图4

二、多项选择题（第 601 题～第 950 题）

601. 下列椭圆参数方程式中错误的是（　　）（FANUC 系统、华中系统）。

A. $X = a * \sin\theta$；$Y = b * \cos\theta$　　　　B. $X = b * \cos\theta$；$Y = a * \sin\theta$

C. $X = a * \cos\theta$；$Y = b * \sin\theta$　　　　D. $X = b * \sin\theta$；$Y = a * \cos\theta$

E. $X = a * \tan\theta$；$Y = b * \cos\theta$

602. 基准位移误差在当前工序中产生，一般受（　　）的影响。

A. 机床位置精度　　　　　　　　B. 工件定位面精度

C. 装夹方法　　　　　　　　　　D. 工件定位面选择

E. 定位元件制造精度

603. 半闭环系统使用的位移测量元件是（　　）。

A. 脉冲编码器　　　　　　　　　B. 光栅尺

C. 旋转变压器　　　　　　　　　D. 感应同步器

E. 磁栅尺

604. 下列关于程序段"N20 IF ［#1 LT 10］；… N90 ENDIF；N100…；"说法正确的是（　　）（华中系统）。

A. 如果#1 小于 10，则跳转到 N100 的程序段

B. 如果#1 小于 10，则执行 IF 到 N100 的程序段

C. 如果#1 大于或等于 10，则执行 IF 到 N100 的程序段

D. 如果#1 大于或等于 10，则 100 赋值给#1

E. 如果#1 大于或等于 10，则跳转到 N100 的程序段

605. 用三针法测量普通螺纹（$\alpha = 60°$）中径的计算公式 $d_2 = M - 3d_0 + 0.866P$ 中，（　　）。

A. d_2 是被测中径　　　　　　　B. M 是测量尺寸

C. d_0 是螺纹大径　　　　　　　D. 0.866 是牙型角变化系数

E. P 是螺距

606. 接触器由基座、辅助触头和（　　）组成。

A. 电磁系统　　　　　　　　　　B. 触头系统

    C. 电磁线圈   D. 灭弧机构

    E. 释放弹簧机构

607. 同一个工序的加工是指（   ）的加工。

    A. 同一台机床   B. 同一批工件

    C. 同一把刀   D. 一次进刀

    E. 工件某些表面的连续

608. 常用的毛坯生产方式有（   ）。

    A. 铸造   B. 锻造

    C. 切割   D. 型材

    E. 粉末冶金

609. 程序段 "G74 R(e)；G74 X(U)__ Z(W)__ P(Δi) Q(Δk) R(Δd) F(f)；" 中，（   ）（FANUC 系统）。

    A. e 表示每次 Z 方向退刀量

    B. X（U）__表示钻削循环起始点的 X 坐标

    C. Z（W）__表示钻削循环终点的 Z 坐标

    D. Δk 表示每次钻削长度

    E. Δd 为 X 方向退刀量

610. 为减小加工表面残留面积的高度，从而减小表面粗糙度值，可使用的正确方法有（   ）。

    A. 加大刀具前角   B. 减小刀具主偏角

    C. 减小背吃刀量   D. 减小刀具副偏角

    E. 减小进给量

611. 一工件以孔定位，套在心轴上加工与孔有同轴度要求的外圆。孔的上偏差是 ES，下偏差是 EI；心轴的上偏差是 es，下偏差是 ei，计算其基准移位误差的公式是（   ）。

    A. [(ES − EI) + (es − ei) + (EI − es)]/2

    B. (EI − es)/2

    C. (ES − ei)/2

    D. [(es − ei) + (EI − es)]/2

    E. EI − es

612. 压力控制回路中的保压回路可采用（   ）。

    A. 液压泵   B. 蓄能器

    C. 调压回路   D. 增压回路

    E. 自动补油

613. 梯形螺纹的牙型精度与（   ）有关。

    A. 刀具安装   B. 两侧切削刃之间的夹角

    C. 左侧后角   D. 右侧后角

    E. 前角

614. 下列配合零件应优先选用基轴制的是（　　）。

    A. 滚动轴承内圈与轴　　　　　　　　B. 滚动轴承外圈与外壳孔

    C. 轴为冷拉圆钢，不需再加工　　　D. 圆柱销与销孔

    E. 泵缸和套

615. 程序段"G72 W(Δd) R(r) P(ns) Q(nf) X(Δx) Z(Δz) F(f) S(s) T(t)；"中，（　　）（华中系统）。

    A. Δd 表示每次切削的背吃刀量

    B. r 表示每次切削的退刀量

    C. ns 为精加工程序第一程序段的段号

    D. nf 为精加工程序最后一个程序段的段号

    E. Δz 为 Z 方向精加工余量

616. 下列运算中不是正弦函数和反正弦函数的运算指令是（　　）（FANUC 系统、华中系统）。

    A. #i = ASIN[#j]　　　　　　　　　　B. #i = ACOS[#j]

    C. #i = COS[#j]　　　　　　　　　　D. #i = SIN[#j]

    E. #i = ATAN[#j]

617. 在日常商业交往中，举止得体的具体要求包括（　　）。

    A. 感情热烈　　　　　　　　　　　　B. 表情从容

    C. 行为适度　　　　　　　　　　　　D. 表情严肃

618. 下列说法正确的是（　　）。

    A. 封闭环的下极限偏差等于各增环的下极限偏差之和减去各减环的上极限偏差之和

    B. 封闭环的最小极限尺寸等于各增环的最小极限尺寸之和减去各减环的最大极限尺寸之和

    C. 封闭环的下极限偏差可以是正数、负数、零

    D. 封闭环的公差可以是正数、负数、零

619. 下列运算中（　　）是取整运算指令（SIEMENS 系统）。

    A. Ri = LN(Rj)　　　　　　　　　　B. Ri = TRUNC(Rj * Rk)

    C. Ri = EXP(Rj)　　　　　　　　　　D. Ri = TRUNC(Rj)

    E. Ri = ABS(Rj)

620. 等高线加工方法中与所选刀具有关的参数是（　　）。

    A. 加工余量　　　　　　　　　　　　B. 推刀高度

    C. 层间高度　　　　　　　　　　　　D. 刀轨间距

    E. 切削参数

621. 在数控系统的参数表中实际作用相同的是（　　）。

    A. 刀尖半径值　　　　　　　　　　　B. 刀尖方位号

    C. 刀具位置偏置值　　　　　　　　　D. 刀具位置磨耗补偿值

    E. G54 中的偏移值

622. 深孔是指（　　）。
　　A. 孔径很小的孔　　　　　　　B. 孔深度很浅的孔
　　C. 孔径相对孔深较小的孔　　　D. 孔深与孔径之比大于 5 的孔

623. 消除或减小加工硬化的措施有（　　）等。
　　A. 加大刀具前角　　　　　　　B. 加注切削液
　　C. 提高刀具刃磨质量　　　　　D. 降低切削速度
　　E. 改善工件的切削加工性

624. 将 G81 循环切削过程按顺序分为 1、2、3、4 四个步骤，其中步骤（　　）是按快进速度进给（华中系统）。
　　A. 1　　　　　B. 2　　　　　C. 3　　　　　D. 4
　　E. 以上选项都正确

625. 下列关于 G73 指令叙述正确的是（　　）（FANUC 系统）。
　　A. G73 是内外圆粗加工复合循环指令
　　B. 使用 G73 指令可以简化编程
　　C. G73 指令是按照一定的切削形状逐层进行切削加工的
　　D. G73 指令可用于切削圆锥面和圆弧面
　　E. G73 指令可用于径向沟槽的切削加工

626. 下列关于 CYCLE93 指令叙述正确的是（　　）（SIEMENS 系统）。
　　A. CYCLE93 是切槽循环指令
　　B. 使用 CYCLE93 指令可以简化编程
　　C. CYCLE93 指令可实现断屑加工
　　D. CYCLE93 指令可用于切削圆锥面和圆弧面
　　E. CYCLE93 指令可用于径向沟槽的切削加工

627. 精加工（　　）时应使用油基类切削液。
　　A. 普通碳素钢　　　　　　　　B. 不锈钢
　　C. 铸铁　　　　　　　　　　　D. 黄铜
　　E. 铝

628. 装配图的主视图要选择能（　　）的方位作为其投射方向。
　　A. 反映工作位置和总体结构
　　B. 最大限度反映内部零件之间相对位置
　　C. 最大限度表达各零件尺寸
　　D. 反映装配体工作原理
　　E. 反映主要装配线

629. 完成后置处理需要（　　）。
　　A. 刀具位置文件　　　　　　　B. 刀具数据
　　C. 工艺装备数据　　　　　　　D. 零件数据模型
　　E. 后置处理器

630. 机床的几何误差包括（　　）。

A. 主轴回转运动误差　　　　　B. 机床导轨误差

C. 加工原理误差　　　　　　　D. 刀具误差

E. 工件装夹误差

631. 计算机辅助设计的产品模型包括（　　）。

A. 线框模型　　　　　　　　　B. 面模型

C. 实体模型　　　　　　　　　D. 特征模型

E. 参数造型

632. 提高机械加工工艺精度的措施有（　　）。

A. 提高主轴回转精度　　　　　B. 提高工艺系统的刚度

C. 合理装夹工件，减少夹紧变形　D. 减少发热，隔离热源

E. 合理安排工艺过程

633. 车削细长轴时采取反向车削需要（　　）。

A. 采用一顶一夹装夹工件　　　B. 使用反手车刀

C. 采用两顶尖装夹工件　　　　D. 尾座端使用弹性顶尖

E. 不可以使用跟刀架

634. 切削热产生的原因在于（　　）。

A. 切削变形　　　　　　　　　B. 切削力

C. 切削温度　　　　　　　　　D. 刀具与工件之间的摩擦

E. 切屑与刀具间的摩擦

635. 在双刀架、双主轴的数控车床上加工细长轴，一个刀架上装车刀，另一个刀架可以（　　）。

A. 安装车刀，同时切削　　　　B. 安装跟刀装置

C. 安装刀具，但不可同时切削　D. 装顶尖

E. 安装夹紧装置

636. （　　）是多线螺纹。

A. $Tr40 \times 14$（P7）　　　　　B. $G1\frac{1}{2}$

C. $Tr40 \times 14$　　　　　　　D. $M48 \times P_h6P2$

E. $M24 \times 1.5$—5g6g

637. 下列说法正确的是（　　）。

A. 封闭环的上极限偏差等于各增环的上极限偏差之和减去各减环的下极限偏差之和

B. 封闭环的最大极限尺寸等于各增环的最大极限尺寸之和减去各减环的最小极限尺寸之和

C. 封闭环的上极限偏差可以是正数、负数、零

D. 封闭环的公差可以是正数、负数、零

E. 封闭环的上极限偏差等于全部增环和减环的上极限偏差之和

638. 配合公差大小与（　　）有关。

A. 轴的公差带大小　　　　　　B. 轴的公差带位置

C. 孔的公差带大小　　　　　　　　D. 孔的公差带位置

E. 配合所采用的基准制

639. 下列误差中（　　）不是原理误差。

A. 工艺系统的制造精度　　　　　　B. 工艺系统的受力变形

C. 数控系统的插补误差　　　　　　D. 数控系统尺寸圆整误差

E. 数控系统的拟合误差

640. 车削细长轴的刀具要求（　　）。

A. 大前角　　　　　　　　　　　　B. 小后角

C. 负的刃倾角　　　　　　　　　　D. 宽倒棱

E. R1.5~3 mm 的断屑槽

641. 在车床数控系统中，下列指令正确的是（　　）。

A. G42 G0 X __ Z __;　　　　　　B. G41 G01 X __ Z __ F __;

C. G40 G02 Z __;　　　　　　　　D. G40 G00 X __ Z __;

E. G42 G03 X __ Z __;

642. 关于程序段"G70 P __ Q __;"，下列说法正确的是（　　）（FANUC 系统）。

A. G70 是精加工车削循环指令

B. G70 应与 G71、G72、G73 指令配合使用才有效

C. nf 是 Z 方向精加工预留量

D. 在此精加工循环中切除的余量是在前面粗加工循环中指定的精加工余量

E. 本程序段中指定了此循环加工的进给速度

643. 下列关于机床几何精度的检验方法说法不正确的是（　　）。

A. 常用的检验工具有心棒、精密水平仪等

B. 机床应先空运行一段时间后再进行检测

C. 检测时要尽量避免检测仪器安装不稳固带来的误差

D. 检测工具的精度必须比所测的几何精度高一个等级

E. 检验关联项目时要检验一项、调整一项

644. 下列宏变量中（　　）是当前局部变量（华中系统）。

A. #7　　　　　　　　　　　　　　B. #30

C. #70　　　　　　　　　　　　　　D. #120

E. #180

645. 常用的毛坯种类有（　　）。

A. 铸件　　　　　　　　　　　　　B. 锻件

C. 标准件　　　　　　　　　　　　D. 型材

E. 粉末冶金件

646. 正常的生产条件是（　　）。

A. 完好的设备　　　　　　　　　　B. 合格的夹具

C. 合格的刀具　　　　　　　　　　D. 标准技术等级的操作工人

E. 合理的工时定额

647. 零件图样分析包括（　　）等内容。
    A. 尺寸精度
    B. 形状精度
    C. 位置精度
    D. 表面质量的要求
    E. 热处理及其他要求

648. 运算符"＝＝"和"＜＞"分别表示（　　）（SIEMENS 系统）。
    A. 等于
    B. 不等于
    C. 小于
    D. 大于
    E. 大于或等于

649. 加工薄壁零件产生变形的影响因素有（　　）。
    A. 夹紧力
    B. 切削力
    C. 切削热
    D. 刀具刚度
    E. 夹具刚度

650. 机械传动中属于啮合传动的是（　　）。
    A. 摩擦轮传动
    B. 齿轮传动
    C. 蜗杆传动
    D. 带传动
    E. 链传动

651. 机械加工工艺过程由一系列工序组成，每一个工序又可以分为若干个（　　）。
    A. 安装
    B. 数控铣加工
    C. 工步
    D. 运输
    E. 数控车加工

652. 下列选项中属于随机误差的因素有（　　）。
    A. 机床热变形
    B. 工件定位误差
    C. 夹紧误差
    D. 毛坯余量不均匀引起的误差复映
    E. 工件内应力误差

653. 单步运行用于（　　）。
    A. 检查数控程序格式是否有错误
    B. 检查程序运行过程中的重点部位
    C. 定位程序中的错误
    D. 首件加工
    E. 短小程序的运行

654. 造成数控机床主轴回转误差的因素有（　　）等。
    A. 各轴承与轴承孔之间的同轴度
    B. 壳体孔定位端面与轴线的垂直度
    C. 轴承的间隙
    D. 锁紧螺母的端面圆跳动
    E. 滚动轴承滚道的圆度及滚动体的尺寸、形状误差

655. 相比黏度小的油液，黏度大的油液适用于（　　）的液压系统。
    A. 工作压力高
    B. 工作压力低
    C. 运动速度高
    D. 运动速度低
    E. 工作温度低

656. 下列关于公差配合代号 $\phi80J6/h7$ 的叙述正确的是（　　）。
    A. 间隙配合，基孔制
    B. 孔、轴的基本尺寸是 80 mm

C. 孔的公差配合代号是 h7　　　　D. 轴的公差配合代号是 h7

E. 轴的公差等级为 7 级

657. 道德的特点包括（　　）。

A. 道德靠法规来维持和发挥其社会作用

B. 道德靠社会舆论和个人内心信念等力量来发挥作用及维持其社会作用

C. 道德具有历史继承性

D. 在阶级社会，道德具有鲜明的阶级性

E. 道德具有明显的广泛性

658. 螺纹标准中通过控制中径公差来对（　　）进行综合控制。

A. 大径　　　　　　　　　　　　B. 底径

C. 螺距　　　　　　　　　　　　D. 牙型角

E. 螺旋升角

659. 液压系统容易发生故障的原因是（　　）。

A. 压力低　　　　　　　　　　　B. 管路堵塞

C. 爬行　　　　　　　　　　　　D. 密封不良

E. 液压油污染

660. 安排切削加工顺序时应考虑的原则包括（　　）。

A. 先粗后精　　　　　　　　　　B. 先主后次

C. 基面先行　　　　　　　　　　D. 先孔后面

E. 工序分散

661. （　　）是必须设置的刀具补偿参数。

A. X 轴位置偏置　　　　　　　　B. Z 轴位置偏置

C. X 轴磨耗　　　　　　　　　　D. Z 轴磨耗

E. 刀尖半径和方位号

662. 属于刀具正常磨损的形式是（　　）。

A. 前面磨损　　　　　　　　　　B. 热裂

C. 副后面磨损　　　　　　　　　D. 剥落

E. 后面磨损

663. 数控机床刀具系统的指标包括（　　）。

A. 刀架（库）容量　　　　　　　B. 刀柄（杆）规格

C. 刀具最大质量　　　　　　　　D. 换刀时间

E. 重复定位精度

664. 可转位车刀符号中（　　）表示主偏角为 90° 的外圆车刀刀柄。

A. A　　　　　　　　　　　　　　B. B

C. G　　　　　　　　　　　　　　D. C

E. F

665. 程序段 "G72 W(Δd) R(e)；G72 P(ns) Q(nf) U(Δu) W(Δw) F(f) S(s) T(t)；" 中，（　　）（FANUC 系统）。

A. Δd 表示每次切削的背吃刀量

B. e 表示每次切削的退刀量

C. ns 为精加工程序第一程序段的段号

D. nf 为精加工程序最后一个程序段的段号

E. Δw 为 Z 方向精加工余量

666. 数控加工中引入工件坐标系的作用是（　　）。

A. 编程时可以减少机床尺寸规格的约束

B. 编程时不必考虑工件在工作台上的位置

C. 简化编程工作

D. 减少选择刀具的约束

E. 有利于程序调试

667. 组合夹具元件按用途分为基础件、支承件、定位件和（　　）。

A. 合件　　　　　　　　　　B. 导向件

C. 辅助件　　　　　　　　　D. 压紧件

E. 紧固件

668. 在数控技术中"position"可翻译为（　　）。

A. 放置　　　　　　　　　　B. 位置

C. 定位　　　　　　　　　　D. 显示

E. 移动

669. 齿轮类零件一般选择低、中碳钢及其合金钢并进行热处理的原因是（　　）。

A. 考虑经济性　　　　　　　B. 考虑加工性能

C. 表面有高的强度　　　　　D. 心部有较好的韧性

E. 能承受高的疲劳弯曲强度

670. 减少薄壁零件产生变形的主要措施有（　　）。

A. 改变装夹着力点位置　　　B. 减小切削力

C. 提高刀柄刚度　　　　　　D. 增大精车余量

E. 选择刚度高的机床

671. 程序段"G75 R(e)；G75 X(U) ＿ Z(W) ＿ P(Δi) Q(Δk) R(Δd) F(f)；"中，（　　）（FANUC 系统）。

A. e 表示每次 Z 方向退刀量　　B. Δi 表示每次切槽深度

C. Δk 表示 Z 方向的移动量　　D. Δd 为 Z 方向退刀量

E. f 表示切槽进给速度

672. 积屑瘤的产生（　　）。

A. 对粗加工有利　　　　　　B. 对精加工有利

C. 能保护切削刃　　　　　　D. 会引起振动

E. 增大了刀具后角

673. 影响采用开环伺服系统的数控机床定位精度的主要因素是（　　）。

A. 插补误差　　　　　　　　B. 传动链的误差

C. 检测元件的检测精度　　　　D. 机床热变形

E. 步进电动机的性能

674. 接触器主要应用于（　　）。

A. 控制直流电动机　　　　　　B. 控制交流电动机

C. 空气开关　　　　　　　　　D. 电热设备

E. 电容器组

675. 常用数控系统中程序名的特征是（　　）。

A. N 加上数字　　　　　　　　B. O 加上数字

C. 字母和数字组合　　　　　　D. 全是数字

E. 有限字符

676. 下列关于程序段 "IF R1 > = 10 GOTOF LABEL1；…；LABEL1：…；" 叙述正确的是（　　）（SIEMENS 系统）。

A. 如果 R1 小于 10，则向后跳转到 "LABEL1" 程序段

B. 如果 R1 小于 10，则执行 IF 到 "LABEL1" 之间的程序段

C. 如果 R1 大于或等于 10，则执行 IF 到 "LABEL1" 的程序段

D. 如果 R1 大于或等于 10，则将 10 赋值到 "LABEL1" 中

E. 如果 R1 大于或等于 10，则向前跳转到 "LABEL1" 的程序段

677. RS232C 接口一般用于（　　）。

A. 近距离传送　　　　　　　　B. 数控机床较多的场合

C. 对实时要求不高的场合　　　D. 网络硬件环境较好的场合

E. 主要任务是传送加工程序的场合

678. 下列关于程序段 "IF［#1 LT 100］GOTO 10；" 叙述不正确的是（　　）（FANUC 系统）。

A. 如果#1 小于 100，则跳转到 N10 的程序段

B. 如果#1 小于 100，则执行 IF 到 N10 之间的程序段

C. 如果#1 大于或等于 100，则执行 IF 到 N100 之间的程序段

D. 如果#1 大于或等于 10，则 100 赋值给#1

E. 如果#1 大于或等于 100，则跳转到 N10 的程序段

679. 下列配合零件应优先选用基孔制的是（　　）。

A. 滚动轴承内圈与轴　　　　　B. 滚动轴承外圈与外壳孔

C. 轴为冷拉圆钢，不需再加工　D. 圆柱销与销孔

E. 泵缸和套

680. 楔销式可转位车刀的特点是（　　）。

A. 夹紧力大　　　　　　　　　B. 定位精度高

C. 夹紧时刀片易翘起　　　　　D. 夹紧和松开迅速

E. 刀片转位费事

681. 在下面的宏变量中，（　　）是全局变量（华中系统）。

A. #7　　　　　　　　　　　　B. #30

C. #70　　　　　　　　　　　D. #120

E. #180

682. 液压油的特性包括（　　　）。

A. 密度　　　　　　　　　　B. 质量

C. 可压缩性　　　　　　　　D. 黏度

E. 颜色

683. 继电器的输入量可以是（　　　）。

A. 电压　　　　　　　　　　B. 机械压力

C. 温度　　　　　　　　　　D. 速度

E. 电流

684. 局域网由计算机和（　　　）组成。

A. 传输媒体　　　　　　　　B. 网络适配器

C. 输出设备　　　　　　　　D. 连接设备

E. 操作系统

685. 油液中混入空气将导致（　　　）。

A. 系统产生噪声　　　　　　B. 润滑性降低

C. 元件磨损加速　　　　　　D. 油液的压缩性增大

E. 油液易于氧化

686. 异步电动机由（　　　）两部分组成。

A. 定子　　　　　　　　　　B. 铁芯

C. 转子　　　　　　　　　　D. 绕组

E. 机座

687. 设备检查通常分为（　　　）。

A. 日常检查　　　　　　　　B. 周末检查

C. 定期检查　　　　　　　　D. 精度检查

E. 法定检查

688. 生成数控加工轨迹的必要条件是（　　　）。

A. 零件数据模型　　　　　　B. 零件材料

C. 加工坐标系　　　　　　　D. 刀具参数

E. 装夹方案

689. 表示等于和不等于的关系运算符是（　　　）（SIEMENS 系统）。

A. ＝＝　　　　　　　　　　B. ＜

C. ＜＞　　　　　　　　　　D. ＞

E. ＜＝

690. 车削细长轴时主要的加工质量问题是（　　　）。

A. 出现多边形　　　　　　　B. 出现竹节形

C. 直径不易控制　　　　　　D. 长度尺寸不易控制

E. 表面粗糙度值大

691. 工件影响刀具寿命的因素是（　　）。
    A. 材料性质　　　　　　　　B. 加工量多少
    C. 导热系数　　　　　　　　D. 材料强度
    E. 材料硬度

692. 程序段"N20 G00 X65.0 Z0.0；N25 G80 X60.0 Z-35.0 R-5.0 F0.1；"可以用程序段（　　）代替（华中系统）。
    A. N20 G00 X65.0 Z0.0；N25 G80 U-5.0 Z-35.0 R-5.0 F0.1；
    B. N20 G00 X65.0 Z0.0；N25 G80 X60.0 W-35.0 R-5.0 F0.1；
    C. N20 G00 X65.0 Z0.0；N25 G80 U-5. W-35.0 R-5.0 F0.1；
    D. N20 G00 X65.0 Z0.0；N25 G80 U5.0 Z-35.0 R-5.0 F0.1；
    E. N20 G00 X65.0 Z0.0；N25 G80 X60.0 W35.0 R-5.0 F0.1；

693. 渐发性故障的主要特点有（　　）。
    A. 故障有规律，可预防
    B. 故障是由于使用不当引起的
    C. 故障发生的时间一般在元件有效寿命后期
    D. 故障发生的概率与设备实际工作时间有关
    E. 故障的发生主要与磨损有关，与疲劳、腐蚀无关

694. 圆偏心夹紧机构的夹紧力与（　　）成正比。
    A. 回转中心到夹紧点之间的距离
    B. 手柄上力的作用点到回转中心的距离
    C. 作用在手柄上的力
    D. 偏心升角
    E. 夹紧行程

695. 程序段 CYCLE97（42, 0, -35, 42, 42, 10, 3, 1.23, 0, 30, 0, 5, 2, 3, 1）中，（　　）（SIEMENS 系统）。
    A. 螺纹起始点 Z 轴坐标为 0　　　B. 终点螺纹直径为 42 mm
    C. 空刀导入量为 10 mm　　　　　D. 螺纹深度为 1.23 mm
    E. 螺纹的加工类型为 3

696. 措施（　　）有利于车削割断直径较大的工件。
    A. 加大主切削刃的前角　　　　B. 采用反切刀反向切割
    C. 采用浅深度、长距离的卷屑槽　D. 保证刀具中心线与主轴轴线垂直
    E. 夹紧位置离切割位置远些

697. 局域网的主要功能和特点是（　　）。
    A. 设备之间相距较远　　　　　B. 相互之间可以传输数据
    C. 网内设备实现资源共享　　　D. 用特定的设备和传输媒体相连
    E. 有特定的软件管理

698. 在数控技术中"machine"可翻译为（　　）。
    A. 机床　　　　　　　　　　　B. 工具

  C. 刀具　　　　　　　　　　　D. 机床加工

  E. 移动

699. 大于和大于或等于的关系运算符是（　　）（FANUC 系统、华中系统）。

  A. GE　　　　　　　　　　　　B. GT

  C. NE　　　　　　　　　　　　D. LE

  E. LT

700. （　　）是数控仿真的关键技术。

  A. 计算几何　　　　　　　　　B. 计算机图形学

  C. 插补的算法　　　　　　　　D. 金属切削原理模型

  E. 数控原理

701. 下列运算（　　）是绝对值函数和平方根函数的运算指令（SIEMENS 系统）。

  A. $Ri = ABS(Rj)$　　　　　　B. $Ri = SQRT(Rj)$

  C. $Ri = ABS(Rj + Rk)$　　　D. $Ri = SIN(Rj)$

  E. $Ri = ATAN(Rj)/(Rk)$

702. 职业道德修养的内容具体分为信念、（　　）和行为五个方面。

  A. 知识　　　　　　　　　　　B. 经验

  C. 情感　　　　　　　　　　　D. 意志

  E. 气质

703. 深孔加工有以下特点：（　　）。

  A. 排屑较容易　　　　　　　　B. 刀具刀杆细长，刚度差

  C. 加工过程无法观察　　　　　D. 加注切削液方便

  E. 测量方便

704. 下列运算（　　）是正切函数和反正切函数的运算指令（SIEMENS 系统）。

  A. $Ri = ASIN(Rj)$　　　　　B. $Ri = TAN(Rj)$

  C. $Ri = COS(Rj)$　　　　　　D. $Ri = ATAN2(Rj)$

  E. $Ri = ATAN2(Rj/Rk)$

705. 减小副偏角将导致（　　）。

  A. 增大切削力　　　　　　　　B. 提高刀具强度

  C. 改善散热条件　　　　　　　D. 减少后角磨损

  E. 不易产生崩刃

706. 交流接触器的额定电压一般为（　　）两种，应大于或等于负载电路电压。

  A. 127 V　　　　　　　　　　B. 220 V

  C. 380 V　　　　　　　　　　D. 500 V

  E. 660 V

707. 合理选择车刀的几何形状可以降低径向切削力，防止细长轴变形，主要方法有（　　）。

  A. 减小主偏角　　　　　　　　B. 增大前角

  C. 增大后角　　　　　　　　　D. 减小刀尖圆弧

E. 减少倒棱宽度

708. 零件表面粗糙度对零件（   ）等性能有影响。

    A. 摩擦和磨损   B. 接触刚度

    C. 疲劳强度   D. 配合性质

    E. 结合密封性

709. 数控车床两侧交替切削法可加工（   ）。

    A. 外圆柱螺纹   B. 外圆柱锥螺纹

    C. 内圆柱螺纹   D. 内圆柱锥螺纹

    E. 圆弧面上的螺纹

710. 与梯形丝杠相比，滚珠丝杠具有以下优点（   ）。

    A. 将旋转运动转为直线运动   B. 磨损小

    C. 定位精度和重复定位精度高   D. 能实现高速移动

    E. 传动效率高

711. 形位公差项目中属于位置公差的特征项目是（   ）。

    A. 同轴度   B. 圆柱度

    C. 平行度   D. 圆度

    E. 对称度

712. 装夹工件的夹紧力要符合（   ）原则。

    A. 力的方向垂直于主要的定位面

    B. 对各定位面（点）都有一定的压力

    C. 力的作用点落在支承元件上

    D. 力的方向有利于增大夹紧力

    E. 减少工件变形

713. 下列表达式中（   ）首先进行的运算是 COS（）（SIEMENS 系统）。

    A. R1 = R6 − R3 * COS（R4）/R2

    B. R1 = R6 * （R2 + R3 * COS（R4 + R5））

    C. R1 = R6/R2 − R3 * COS（R4）

    D. R1 = R2 + R3 * COS（R4 * R5）

    E. R1 = COS（R4）* R6/R2 − R3

714. 装配图零件序号正确的编排方法包括（   ）。

    A. 序号标在零件上   B. 指引线必须从零件轮廓上引出

    C. 指引线可以是曲线   D. 一组紧固件可以用公共指引线

    E. 多处出现的同一零件允许重复采用相同的序号标志

715. 下列运算（   ）不是绝对值函数和平方根函数的运算指令（FANUC 系统、华中系统）。

    A. #i = ABS[#j]   B. #i = SQRT[#j]

    C. #i = ABS[#j + #k]   D. #i = SIN[#j]

    E. #i = ATAN[#j]/[#k]

716. 外径千分尺的正确使用方法是（　　　）。

    A. 测量前要校正千分尺零位

    B. 测头与工件接触时测杆应有一定的压缩量

    C. 使用时测杆的轴线应垂直于零件被测表面

    D. 可以用千分尺测量正在旋转的零件

    E. 千分尺应竖直存放

717. 程序段 M98 P10 L3 的含义是（　　　）（FANUC 系统、华中系统）。

    A. 调用子程序的程序名是"O10"

    B. 连续调用子程序 3 次

    C. 机床要连续 10 次重复某一进给路线

    D. 其后的程序段一定要用绝对方式编写

    E. 分别调用子程序"P10"和"L3"一次

718. 加工一个 10 mm × 10 mm 深 50 mm，允许误差 0.05 mm，圆角为 0.5 mm 的通孔应采取（　　　）。

    A. 电火花线切割加工　　　　　　B. 超声波加工

    C. 激光加工　　　　　　　　　　D. 电解加工

    E. 电火花成型电极加工

719. 下列运算（　　　）不是正弦函数和反正弦函数的运算指令（SIEMENS 系统）。

    A. $Ri = ASIN(Rj)$　　　　　　B. $Ri = ACOS(Rj)$

    C. $Ri = COS(Rj)$　　　　　　　D. $Ri = SIN(Rj)$

    E. $Ri = ATAN2(Rj)$

720. RS232C 接口传送数据的特点是（　　　）。

    A. 结构简单　　　　　　　　　　B. 点对点传送

    C. 远距离传送　　　　　　　　　D. 可靠性较差

    E. 一般用于传送加工程序

721. 关于配合公差，下面说法正确的是（　　　）。

    A. 轴的公差带在孔的公差带之上时为过盈配合

    B. 配合公差的大小，等于相配合的孔轴公差之和

    C. 轴的公差带一定在孔的公差带之上

    D. 配合公差数值可以为零

    E. 配合公差的数值越小，则相互配合的孔、轴的尺寸精度等级越高

722. 程序段 N20 CYCLE95（"KONTUR"，5，1.2，0.6,，0.2，0.1，0.2，9,,，0.5）中，（　　　）（SIEMENS 系统）。

    A. KONTUR 为轮廓子程序名　　B. 最大进给切深为 5 mm

    C. Z 轴的精加工余量为 1.2 mm　D. 精加工的进给率为 0.2 mm/r

    E. 加工类型为 9

723. （　　　）不能进行装配设计。

    A. 线框模型　　　　　　　　　　B. 面模型

C. 实体模型   D. 特征模型

E. 参数造型

724. 评价材料切削加工性好的综合指标有（　　　）。

     A. 刀具耐用度低   B. 许用切削速度较高

     C. 加工表面质量易于保证   D. 断屑问题易于解决

     E. 切削力大

725. 关于程序段"WHILE［#1 GT 10］DO1；… END1；"，下列说法正确的是（　　　）（FANUC 系统）。

     A. 当#1 大于 10 则转到 END1 后的程序段

     B. 当#1 大于 10 则执行 DO1 到 END1 之间的程序段

     C. 当#1 小于 10 则转到 END1 后的程序段

     D. 当#1 小于 10 则执行 DO1 到 END1 之间的程序段

     E. 当#1 大于 10 则执行 DO1 到 END1 的程序段一次，再执行 END1 后的程序

726. 球墨铸铁分为（　　　）。

     A. 铁素体   B. 铁素体 + 珠光体

     C. 珠光体   D. 孕育铸铁

     E. 贝氏体

727. 对程序段 N50 M98 P15 L2 描述正确的有（　　　）（FANUC 系统、华中系统）。

     A. 此程序段的作用是调用子程序

     B. 在此程序中要调用子程序 15 次

     C. 在此程序中要调用的子程序名是"O15"

     D. 此程序中要调用子程序 2 次

     E. 在此程序中要调用的子程序名是"P15"

728. 在测量工件时应主要注意（　　　）误差。

     A. 量具   B. 基准

     C. 温度   D. 测量力

     E. 读数

729. 工艺系统的几何误差包括（　　　）。

     A. 主轴回转运动误差   B. 机床导轨误差

     C. 加工原理误差   D. 刀具误差

     E. 工件装夹误差

730. 程序段"N20 G00 X65.0 Z2.0；N25 G94 X40.0 Z0.0 F0.1；"可以用程序段（　　　）代替（FANUC 系统）。

     A. N20 G00 X65.0 Z2.0；N25 G94 U-25. Z0.0 F0.1；

     B. N20 G00 X65.0 Z2.0；N25 G94 X40.0 W-2.0 F0.1；

     C. N20 G00 X65.0 Z2.0；N25 G94 U-25.0 W-2.0 F0.1；

     D. N20 G00 X65.0 Z2.0；N25 G94 U0.0 Z0.0 F0.1；

     E. N20 G00 X65.0 Z2.0；N25 G94 X40.0 W0.0 F0.1；

731. 使用 G65 给局部变量赋值时，自变量地址 K 和 Q 分别对应的变量号为（　　）（FANUC 系统）。

　　A. #7　　　　　　　　　　　　　B. #1

　　C. #21　　　　　　　　　　　　 D. #6

　　E. #17

732. 在 R 参数使用中，下面选项（　　）的格式是不对的（SIEMENS 系统）。

　　A. GR1 Z50　　　　　　　　　　B. /R2 G00 X100.0

　　C. NR3 X200.0　　　　　　　　　D. G01 X = R1 + R2 F = R3

　　E. SIN(R13)

733. 钻深孔时不应采取（　　）的方法。

　　A. 低转速、低进给　　　　　　　B. 高转速、低进给

　　C. 缓慢起钻　　　　　　　　　　D. 间歇进给

　　E. 始终连续均匀进给

734. 大批量车削偏心工件应采取加工（　　）方法。

　　A. 两顶针　　　　　　　　　　　B. 偏心套/偏心轴

　　C. 四爪单动卡盘　　　　　　　　D. 三爪自定心卡盘

　　E. 偏心卡盘

735. 关于 G90 指令，下面说法正确的是（　　）（FANUC 系统）。

　　A. G90 是圆柱面车削循环指令

　　B. 其程序段中要用增量方式编程

　　C. 它能够完成单次的车削循环加工

　　D. G90 是模态指令

　　E. 用 G90 指令能一次完成倒角和外圆两个面的加工

736. 偏心式机械夹固式车刀的特点是（　　）。

　　A. 定位精度高　　　　　　　　　B. 夹紧力大

　　C. 结构简单　　　　　　　　　　D. 排屑流畅

　　E. 装卸方便

737. 小于和小于或等于的关系运算符是（　　）（FANUC 系统、华中系统）。

　　A. GE　　　　　　　　　　　　　B. GT

　　C. NE　　　　　　　　　　　　　D. LE

　　E. LT

738. 下列运算（　　）不是上取整、下取整和四舍五入整数化的运算指令（FANUC 系统）。

　　A. #i = LN[#j]　　　　　　　　　B. #i = FIX[#j]

　　C. #i = FUP[#j]　　　　　　　　 D. #i = ROUND[#j]

　　E. #i = ABS[#j]

739. 关于 G71 指令，下面说法正确的是（　　）（华中系统）。

　　A. G71 是内外径粗车复合循环指令

B. 使用 G71 指令可以简化编程

C. G71 指令是沿着平行于 Z 轴的方向进行粗切削循环加工的

D. G71 指令不能用于切削圆锥面和圆弧面

E. G71 可用于径向沟槽的切削加工

740. 关于程序段 "WHILE #10 LT 10；… ENDW；"，下列说法正确的是（　　）（华中系统）。

A. 当#10 大于或等于 10，则转到 ENDW 后的程序段

B. 当#10 大于或等于 10，则执行 WHILE 到 ENDW 之间的程序段

C. 当#10 小于 10，则转到 ENDW 后的程序段

D. 当#10 小于 10，则执行 WHILE 到 ENDW 之间的程序段

E. 当#10 小于 10，则执行 WHILE 到 ENDW 的程序段一次，再执行 ENDW 后的程序

741. （　　）格式数据文件一般被用于不同 CAD/CAM 软件间图形数据转换。

A. DXF　　　　　　　　　B. IGES

C. STL　　　　　　　　　D. STEP

E. X＿T

742. G80 X＿Z＿F＿指令中，（　　）（华中系统）。

A. G80 是圆柱车削循环指令

B. X、Z 为本程序段运行结束时的终点坐标

C. F 定义的是切削进给速度

D. G80 是模态指令

E. 本程序段中指定了此循环加工的起点坐标

743. 产生基准位移误差的原因包括（　　）。

A. 定位表面和定位元件之间有间隙

B. 工件定位面的误差

C. 工件定位面选择不当

D. 定位机构误差

E. 定位元件误差

744. 钻深孔时应采取（　　）的方法。

A. 低转速、低进给　　　　B. 高转速、低进给

C. 缓慢起钻　　　　　　　D. 间歇进给

E. 始终连续均匀进给

745. 静态测量的刀具与实际加工孔的尺寸之间有一差值，影响这一差值的因素有（　　）。

A. 夹具的精度和刚度　　　B. 加工工件的材料和状况

C. 刀具与机床的精度和刚度　　D. 刀具的补偿误差

E. 刀具几何参数

746. 润滑剂应具有（　　）。

A. 较好的化学稳定性　　　　　B. 较高的耐热、耐寒能力

C. 可靠的防锈能力　　　　　　D. 良好的流动性

E. 导热能力

747. 切削过程中刀尖发生黏结，切削瘤破碎时应该（　　　）。

A. 减小切削液的输出压力　　　B. 使用油基切削液

C. 更换润滑性更强的切削液　　D. 改用水基切削液

E. 增大切削液的输出压力

748. 关于 G72 指令，下面说法中正确的是（　　　）（FANUC 系统）。

A. G72 是内外圆粗加工复合循环指令

B. 使用 G72 指令可以简化编程

C. G72 指令是沿着平行于 X 轴的方向进行切削循环加工的

D. G72 指令不能用于切削斜端面

E. G72 可用于径向沟槽的切削加工

749. 枪孔钻适合于加工深孔的原因在于（　　　）。

A. 进给速度快，减少了切削力　B. 没有横刃，减少了切削负荷

C. 导向性能好　　　　　　　　D. 高压切削液能够进入切削区

E. 冷却和排屑性能好

750. 液压传动中两个最主要的参数是（　　　）。

A. 系统复杂程度　　　　　　　B. 系统功能

C. 液压泵的类别　　　　　　　D. 压力

E. 流量

751. 金属材料抵抗局部变形特别是（　　　）的能力称为硬度。

A. 塑性变形　　　　　　　　　B. 开裂

C. 压痕　　　　　　　　　　　D. 划痕

E. 拉断

752. FANUC 系统中（　　　）地址不能引用变量（FANUC 系统、华中系统）。

A. G　　　　　　　　　　　　B. F

C. O　　　　　　　　　　　　D. N

E. Z

753. 枪孔钻的结构特点是（　　　）。

A. 适用于加工 $\phi3 \sim \phi20$ mm 的深孔

B. 高压切削液经导杆的腰形孔进入切削区

C. 切屑从刀柄上 V 形槽排出

D. 加工时，钻头圆柱部分的两条刃带支承在孔壁上，起引导作用

E. 没有横刃，后角较大，中心切削情况有所改善

754. 数控车床车削螺纹，影响中径精度的因素有（　　　）。

A. 轴向对刀精度　　　　　　　B. 螺纹刀具安装角度

C. 径向对刀精度　　　　　　　D. 螺纹刀具角度

E. 螺纹刀切削刃后角角度不合理

755. 三爪自定心卡盘夹持工件限制了（　　）。

　　A. 两个移动　　　　　　　　　B. 一个移动

　　C. 三个移动　　　　　　　　　D. 三个转动

　　E. 两个转动

756. G80 X __ Z __ R __ F __ 指令中，（　　）（华中系统）。

　　A. G80 是圆锥面车削循环指令

　　B. X、Z 为本程序段运行结束时的终点坐标

　　C. F 定义的是切削进给速度

　　D. G80 是模态指令

　　E. 本程序段中指定了此循环加工的起点坐标

757. 零件机械加工精度主要包括（　　）。

　　A. 尺寸精度　　　　　　　　　B. 切削精度

　　C. 相互位置精度　　　　　　　D. 定位精度

　　E. 几何形状精度

758. 高温合金常用于制造（　　）。

　　A. 燃气轮机燃烧室　　　　　　B. 曲轴

　　C. 涡轮叶片　　　　　　　　　D. 涡轮盘

　　E. 高强度齿轮

759. 螺纹连接在受到（　　）时会发生松动。

　　A. 冲击　　　　　　　　　　　B. 振动

　　C. 载荷变化　　　　　　　　　D. 温度变化

　　E. 连接螺栓损坏

760. 关于子程序嵌套，下面说法正确的是（　　）（SIEMENS 系统）。

　　A. 子程序可以无限层嵌套

　　B. 子程序可以调用子程序

　　C. 嵌套子程序调用结束后将依次返回到上一层子程序中

　　D. 一个子程序可以被嵌套在多个子程序中

　　E. 嵌套子程序结束指令与子程序相同

761. 一道工序中，在（　　）都不变的情况下所完成的工艺过程称为一个工步。

　　A. 工人　　　　　　　　　　　B. 切削刀具

　　C. 加工表面　　　　　　　　　D. 转速

　　E. 进给量

762. 在变量赋值方法 I 中，引数（自变量）D 和 I 分别对应的变量是（　　）（FANUC 系统）。

　　A. #7　　　　　　　　　　　　B. #31

　　C. #21　　　　　　　　　　　　D. #8

　　E. #4

763. FANUC 系统中，下列（　　　）变量内的数据即使断电也不会清除。

 A. #300

 B. #400

 C. #500

 D. #899

 E. #999

764. 下列运算（　　）不是余弦函数和反余弦函数的运算指令（FANUC 系统、华中系统）。

 A. #i = TAN[#j]

 B. #i = ACOS[#j]

 C. #i = COS[#j]

 D. #i = SIN[#j]

 E. #i = ATAN[#j]

765. （　　）可以实现对 G 代码程序的检验。

 A. 数控系统的图形显示

 B. CAM 软件中的刀轨模拟

 C. 数控仿真软件

 D. 试件加工

 E. 数控加工操作仿真软件

766. 机床油压系统压力过高或过低会造成（　　）。

 A. 相关设备工作不正常

 B. 压力表损坏

 C. 油泵损坏

 D. 油压系统泄漏

 E. 液压油黏度增高

767. 数控车床刀具自动换刀必须在（　　）。

 A. 机床参考点

 B. 在任何安全的位置

 C. 用 G28 指令回到的参考点

 D. 任意位置

 E. 机床原点

768. 下列表达式中，（　　）首先进行的运算是 COS [ ]（FANUC 系统、华中系统）。

 A. #1 = #6 − #3 * COS[#4]/#2

 B. #1 = #6 * [#2 + #3 * COS[#4 + #5]]

 C. #1 = #6/#2 − #3 * COS[#4]

 D. #1 = #2 + #3 * COS[#4 * #5]

 E. #1 = COS[#4] * #6/#2 − #3

769. 测绘时对于各零件关联尺寸进行处理的原则是（　　）。

 A. 根据磨损情况进行处理

 B. 四舍五入

 C. 配合尺寸的基本尺寸要相同

 D. 与标准件配合的尺寸要符合标准

 E. 先确定基本尺寸，再根据工作性质确定公差

770. 程序段 "G76 C(c) R(r) E(e) A(α) X(x) Z(z) I(i) K(k) U(d) V(Δd_{min}) Q(Δd) P(p) F(f)；" 中，（　　）（华中系统）。

 A. r 表示螺纹 Z 向退尾长度

 B. α 表示刀尖角度

 C. x、z 为有效螺纹的终点坐标

 D. d 表示精加工余量

 E. f 表示进给速度

771. 深孔加工必须使用一些特殊的刀具，如（　　）。

 A. 枪孔钻

 B. 深孔车刀

C. 喷吸钻   D. 深孔可浮动铰刀

E. 深孔滚压工具

772. 普通车床和数控车床都有的部件是（   ）。

A. 主轴箱   B. 进给箱

C. 光杠   D. 挂轮

E. 操纵手柄

773. 在钻深孔时为便于排屑和散热，加工过程中宜（   ）。

A. 加注切削液到切削区域

B. 主轴间断旋转

C. 间歇进行进给和退出的动作

D. 快速进给快速完成

E. 深孔钻上多刃和错齿利于分屑碎屑

774. 生产的安全管理活动包括（   ）。

A. 警示教育   B. 安全教育

C. 文明教育   D. 环保教育

E. 上下班的交通安全教育

775. 关于数控机床切削精度检验，下面说法正确的是（   ）。

A. 机床的切削精度是在重力、夹紧力、切削力、各种激振力和温升综合作用下的精度

B. 机床的切削精度是一种动态精度

C. 机床的几何精度检验合格，则机床的切削精度一定合格

D. 数控机床切削精度的检验是在切削加工条件下对机床几何精度和定位精度的一项综合考核

E. 机床的切削精度是在空载运行条件下对机床动态精度的综合检验

776. DNC 能实现的功能有（   ）。

A. 上传、下传加工程序   B. 传送机床操作命令

C. 机床状态监控   D. 远程设备诊断

E. 人员调度

777. 闭环系统使用的位移测量元件是（   ）。

A. 脉冲编码器   B. 光栅尺

C. 旋转变压器   D. 感应同步器

E. 磁栅尺

778. 可转位车刀夹固方式中常用的是（   ）。

A. 上压式   B. 杠杆式

C. 楔销式   D. 压孔式

E. 偏心式

779. 数控机床对进给伺服驱动系统的主要要求是（   ）。

A. 宽调速范围内保持恒功率输出

B. 高精度

C. 高可靠性

D. 低速大转矩

E. 快速响应

780. 喷吸钻的结构是（　　　）。

A. 外排屑

B. 多刃

C. 刀片在刀具中心两侧交错排列

D. 前刀面磨有断屑槽

E. 有内套管

781. 程序段"N20 G00 X65.0 Z0.0；N25 G90 X60.0 Z－35.0 R－5.0 F0.1；"可以用程序段（　　　）代替（FANUC 系统）。

A. N20 G00 X65.0 Z0.0；N25 G90 U－5.0 Z－35.0 R－5.0 F0.1；

B. N20 G00 X65.0 Z0.0；N25 G90 X60.0 W－35.0 R－5.0 F0.1；

C. N20 G00 X65.0 Z0.0；N25 G90 U－5. W－35.0 R－5.0 F0.1；

D. N20 G00 X65.0 Z0.0；N25 G90 U5.0 Z－35.0 R－5.0 F0.1；

E. N20 G00 X65.0 Z0.0；N25 G90 X60.0 W35.0 R－5.0 F0.1；

782. 安排在机械加工前的热处理工序有（　　　）。

A. 正火　　　　　　　　　　　B. 退火

C. 时效处理　　　　　　　　　D. 渗碳

E. 高频淬火

783. 以外圆表面为主的零件的技术要求有（　　　）等。

A. 直径和长度的尺寸精度　　　B. 圆度

C. 圆柱度　　　　　　　　　　D. 位置精度

E. 直线度

784. 关于 G71 指令，下面说法中正确的是（　　　）（FANUC 系统）。

A. G71 是内外圆粗加工复合循环指令

B. 使用 G71 指令可以简化编程

C. G71 指令是沿着平行于 Z 轴的方向进行切削循环加工的

D. G71 指令不能用于切削圆锥面和圆弧面

E. G71 可用于径向沟槽的切削加工

785. 深孔浮动铰刀的加工特点是（　　　）。

A. 适用于深孔精加工　　　　　B. 铰刀是一种尺寸精确的多刃刀具

C. 浮动铰刀具有自动定心功能　D. 铰孔不能修正孔的位置精度

E. 铰刀最容易磨损的部位是切削部分和修光部分

786. 表达式"#1 = #6 * [#2 + #3 * SIN [#4 + #5]]"的运算次序依次是（　　　）（FANUC 系统、华中系统）。

A. 第一步的运算是 [#4 + #5]　　B. 最后的运算是 #6 * []

  C. 第二步的运算是 #2 +   D. 第三步的运算是 #3 *

  E. 第四步的运算是 SIN[ ]

787. 关于子程序嵌套，下面说法中错误的是（ ）（SIEMENS 系统）。

  A. 子程序可以无限层嵌套

  B. 子程序可以调用子程序

  C. 嵌套子程序调用结束后将依次返回到上一层子程序中

  D. 一个子程序可以被嵌套在多个子程序中

  E. 子程序嵌套就是子程序多次调用

788. 自夹紧滚珠心轴（ ）。

  A. 适用于切削力大的加工

  B. 用于定位精度要求不高的加工

  C. 需要自动上下工件的自动化生产

  D. 定位孔表面容易损伤

  E. 定位孔孔径精度要求高

789. 外圆表面加工主要采用（ ）等方法。

  A. 车削   B. 磨削

  C. 铣削   D. 刮研

  E. 研磨

790. 小直径深孔铰刀的加工特点是（ ）。

  A. 适用于小直径深孔精加工

  B. 一般先用中心钻定位，再钻孔和扩孔，然后进行铰孔

  C. 铰孔时切削液要浇注在切削区域

  D. 铰孔的精度主要取决于铰刀的尺寸

  E. 铰刀的刚度比内孔车刀好，因此更适合加工小深孔

791. 过滤器选用时应考虑（ ）。

  A. 安装尺寸   B. 过滤精度

  C. 流量   D. 机械强度

  E. 滤芯更换方式

792. 关于 G75 指令，下面说法中正确的是（ ）（FANUC 系统）。

  A. G75 是端面深孔钻循环指令

  B. 使用 G75 指令可以简化编程

  C. G75 指令可实现断屑加工

  D. G75 指令可用于切削圆锥面和圆弧面

  E. G75 可用于径向沟槽的切削加工

793. 下列运算（ ）是自然对数函数和指数函数的运算指令（FANUC 系统、华中系统）。

  A. #i = ASIN[#j]   B. #i = FIX[#j]

  C. #i = LN[#j]   D. #i = EXP[#j]

E. #i = ABS［#j］

794. 仿真技术是（　　）试验手段。

A. 低成本的 　　　　　　　　B. 可控的

C. 无破坏的 　　　　　　　　D. 无须人工干预的

E. 可重复的

795. 程序段 G90 X ＿ Z ＿ R ＿ F ＿ 中，（　　）（FANUC 系统）。

A. G90 是圆锥面车削循环指令

B. X、Z 为本程序段运行结束时的终点坐标

C. F 定义的是切削进给速度

D. G90 是模态指令

E. 本程序段中指定了此循环加工的起点坐标

796. 直流电动机的主要部件为（　　）。

A. 前后端盖 　　　　　　　　B. 线圈

C. 定子 　　　　　　　　　　D. 转子

E. 电刷

797. 锥管螺纹中表示同一尺寸的是（　　）。

A. 小端直径 　　　　　　　　B. 大径

C. 中径 　　　　　　　　　　D. 小径

E. 基准直径

798. 属于普通车床部件而数控车床上没有的是（　　）。

A. 主轴箱 　　　　　　　　　B. 进给箱

C. 光杠 　　　　　　　　　　D. 挂轮

E. 操纵手柄

799. 变导程螺纹的几何形状特点是（　　）。

A. 可以是牙等宽，槽不等宽 　B. 可以是牙不等宽，槽也不等宽

C. 可以是牙不等宽，槽等宽 　D. 导程变化是均匀的

E. 导程变化是不均匀的

800. 小于和小于或等于的关系运算符是（　　）（SIEMENS 系统）。

A. ＝ ＝ 　　　　　　　　　　B. ＜

C. ＜ ＞ 　　　　　　　　　　D. ＞

E. ＜ ＝

801. 交错齿内排屑深孔钻几何参数正确的是（　　）。

A. 顶角一般为 $125° \sim 140°$ 　B. 两侧切削刃前角一般为 $6° \sim 8°$

C. 两侧切削刃上磨有断屑槽 　D. 内切削刃刃倾角一般为 $10°$

E. 内切削刃前角一般为正角度

802. 枪孔钻几何参数正确的是（　　）。

A. 外切削刃与垂直于轴线的平面分别相交 $30°$

B. 内切削刃与垂直于轴线的平面分别相交 $20°$

C. 后角一般为20°

D. 刃倾角一般为20°

E. 前角一般为20°

803. 下列 R 参数中，（　　）可以自由使用（SIEMENS 系统）。

A. R1　　　　　　　　　　　B. R30

C. R80　　　　　　　　　　　D. R100

E. R240

804. 下列运算（　　）是绝对值函数和平方根函数的运算指令（FANUC 系统、华中系统）。

A. #i = ABS[#j]　　　　　　　B. #i = SQRT[#j]

C. #i = ABS[#j + #k]　　　　　D. #i = SIN[#j]

E. #i = ATAN[#j]／[#k]

805. 克服车削梯形螺纹中振动的方法包括（　　）。

A. 加大两侧切削刃的前角　　　B. 加强装夹的刚度

C. 改变进刀方法　　　　　　　D. 改变刀杆的结构

E. 选择合适的切削参数

806. 对于图中所示的零件轮廓和刀具，（　　）对使用粗加工固定循环编程并加工没有影响。

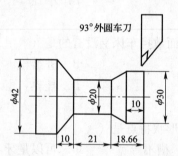

A. 刀具的副偏角角度　　　　　B. 精加工余量的方向

C. 精加工余量的大小　　　　　D. 刀具的主偏角角度

E. 进刀形式

807. 程序段"G76 P$(m)(r)(\alpha)$ Q(Δd_{min}) R(d)；G76 X(U)__ Z(W)__ R(i) P(k) Q(Δd) F(f)；"中，（　　）（FANUC 系统）。

A. r 表示斜向退刀量

B. α 表示刀尖角度

C. d 表示精加工余量

D. X(U)__ Z(W)__ 为切削螺纹终点坐标

E. f 表示进给速度

808. 普通螺纹的中径公差是一项综合公差，可以同时限制（　　）三个参数的误差。

A. 小径　　　　　　　　　　　B. 中径

C. 螺距　　　　　　　　　　　D. 牙型半角

E. 导程

809. 使用百分表时，可采用（　　）方法减少测量误差。
    A. 多点测量，取平均值法　　　　B. 在正在运转的机床上进行测量
    C. 采用量程更小的百分表　　　　D. 等温法
    E. 要经常校表

810. 深孔加工时常用的刀具是（　　）。
    A. 扁钻　　　　　　　　　　　B. 麻花钻
    C. 喷吸钻　　　　　　　　　　D. 枪孔钻
    E. 深孔车刀

811. 立方氮化硼（CBN）刀具适于加工（　　）。
    A. 高硬度淬火钢　　　　　　　B. 高速钢（HRC62）
    C. 铝合金　　　　　　　　　　D. 铜合金
    E. 高硬度工具钢

812. 涂层硬质合金刀具适宜加工（　　）。
    A. 高锰钢　　　　　　　　　　B. 高温合金钢
    C. 高强度钢　　　　　　　　　D. 钛合金
    E. 有色金属

813. 下列运算（　　）是取整和取符号的运算指令（华中系统）。
    A. $\#i = LN[\#j]$　　　　　　　B. $\#i = SIGN[\#j]$
    C. $\#i = INT[\#j]$　　　　　　　D. $\#i = EXP[\#j]$
    E. $\#i = ABS[\#j]$

814. 与零件车削加工有关的精度项目有（　　）。
    A. 圆度　　　　　　　　　　　B. 圆柱度
    C. 直线度　　　　　　　　　　D. 位置度
    E. 平面度

815. 导轨运动部件运动不良的原因有（　　）。
    A. 滚珠丝杠与联轴器松动　　　B. 导轨镶条与导轨间间隙调整过小
    C. 导轨面研伤　　　　　　　　D. 导轨里落入脏物
    E. 导轨润滑不良

816. 数控机床的（　　）是贯彻设备管理以防为主的重要环节。
    A. 调换散热装置　　　　　　　B. 精心维护
    C. 定期更换零件　　　　　　　D. 正确使用
    E. 尽量少开动

817. 采用闭环系统数控机床，（　　）会影响其定位精度。
    A. 数控系统工作不稳定性　　　B. 机床传动系统刚度不足
    C. 传动系统有较大间隙　　　　D. 机床运动副爬行
    E. 位置检测装置失去精度

818. 螺纹千分尺备有一系列不同（　　）的螺纹头，可以测量不同规格的螺纹。

A. 大径　　　　　　　　　　B. 中径

C. 小径　　　　　　　　　　D. 螺距

E. 牙型角

819. 孔的形状精度主要有（　　）。

A. 垂直度　　　　　　　　　B. 圆度

C. 平行度　　　　　　　　　D. 同轴度

E. 圆柱度

820. 关于外径千分尺，下列说法中正确的是（　　）。

A. 它是由尺架、测微装置、测力装置和锁紧装置等组成

B. 测量值的整数部分要从固定套筒上读取

C. 微分筒上十格刻线的读值就是千分尺的分度值

D. 千分尺的测量精度比百分表低

E. 千分尺的制造精度将影响其测量精度

821. 零件加工表面粗糙度对零件的（　　）有重要影响。

A. 耐磨性　　　　　　　　　B. 耐蚀性

C. 抗疲劳强度　　　　　　　D. 配合质量

E. 美观度

822. 数控车床两侧交替切削法不可加工（　　）。

A. 外圆柱螺纹　　　　　　　B. 外圆柱锥螺纹

C. 内圆柱螺纹　　　　　　　D. 内圆柱锥螺纹

E. 圆弧面上的螺纹

823. 关于 G76 指令，下列说法中正确的是（　　）（FANUC 系统）。

A. G76 是螺纹切削复合循环指令

B. 使用 G76 指令可以简化编程

C. 被加工螺纹的导程要在 G76 指令中定义出来

D. G76 指令可用于切削锥螺纹

E. G76 可用于圆弧面的切削加工

824. DNC 的功能中（　　）属于集成管理技术。

A. 上传、下传加工程序　　　B. 传送机床操作命令

C. 机床状态监控　　　　　　D. 远程设备诊断

E. 生产任务调度

825. 下列误差中，（　　）是原理误差。

A. 工艺系统的制造精度　　　B. 工艺系统的受力变形

C. 数控系统的插补误差　　　D. 数控系统尺寸圆整误差

E. 数控系统的拟合误差

826. 钢回火后组织发生了变化，其性能（　　）

A. 硬度下降　　　　　　　　B. 塑性提高

C. 韧性提高　　　　　　　　D. 强度提高

E. 硬度提高

827. （　　）一般用于程序调试。

A. 锁定功能 　　　　　　　B. M01

C. 单步运行 　　　　　　　D. 跳步功能

E. 轨迹显示

828. 空运行用于（　　）。

A. 快速检查数控程序运行轨迹 　B. 检查数控程序格式错误

C. 定位程序中的错误 　　　　　D. 首件加工

E. 短小程序运行

829. 使用 G65 给局部变量赋值时，自变量地址 B 和 H 分别对应的变量号为
（　　）（FANUC 系统）。

A. #2 　　　　　　　　　　B. #3

C. #10 　　　　　　　　　 D. #11

E. #12

830. 运算符 EQ、NE 分别表示（　　）（FANUC 系统、华中系统）。

A. ＝ 　　　　　　　　　　B. ≠

C. ≤ 　　　　　　　　　　 D. ＞

E. ≥

831. 下列运算（　　）是上取整、下取整和四舍五入整数化的运算指令（FANUC
系统）。

A. #i = LN［#j］ 　　　　　B. #i = FIX［#j］

C. #i = FUP［#j］ 　　　　　D. #i = ROUND［#j］

E. #i = ABS［#j］

832. 关于宏程序调用指令段"G65 P1000 B62 A0.75 K0.7;"，下面说法正确的是
（　　）（FANUC 系统）。

A. G65 为非模态调用宏程序指令

B. 本程序段所调用宏程序的名称为"O1000"

C. G65 与 G66 指令的作用完全相同

D. G65 和 M98 调用宏程序的功能完全相同

E. 执行本程序段，所调用宏程序内的#6 变量的值是 0.7

833. 可转位车刀符号中（　　）表示主偏角 90°的端面车刀刀杆。

A. A 　　　　　　　　　　 B. B

C. G 　　　　　　　　　　 D. C

E. F

834. 铁素体球墨铸铁用于制造（　　）。

A. 壳体零件 　　　　　　　B. 阀体零件

C. 曲轴 　　　　　　　　　D. 传动轴

E. 气缸套

835. 程序段"G70 P(*ns*) Q(*nf*)；"中，（　　）(FANUC 系统)。

A. G70 是精加工车削循环指令

B. *ns* 是精加工程序第一个程序段段号

C. *nf* 是 *Z* 方向精加工预留量

D. G70 是模态指令

E. 当 *ns* ~ *nf* 程序段中不指定 F、S、T 时，则在前面粗加工循环中指定的 F、S、T 有效

836. 表示等于和不等于的关系运算符是（　　）(FANUC 系统、华中系统)。

A. EQ
B. GT

C. NE
D. LE

E. LT

837. 职业道德修养的途径和方法包括（　　）。

A. 学习马克思主义理论和职业道德基本知识

B. 开展职业道德评价，严于解剖自己

C. 学习先进人物，不断激励自己

D. 提高精神境界，努力做到慎独

E. 参加社会实践，坚持知行统一

838. 普通螺纹偏差标准中规定内螺纹的偏差在（　　）。

A. 小径
B. 中径

C. 螺距
D. 牙型角

E. 大径

839. 关于"间隙"，描述不正确的是（　　）。

A. 间隙数值前可以没有正号
B. 间隙数值前必须有正号

C. 间隙数值前有没有正号均可
D. 间隙数值可以为零

E. 所有配合的间隙值都是正的

840. 下列运算（　　）是余弦函数和反余弦函数的运算指令(SIEMENS 系统)。

A. Ri = TAN(Rj)
B. Ri = ACOS(Rj)

C. Ri = COS(Rj)
D. Ri = SIN(Rj)

E. Ri = ATAN2(Rj)

841. 粗基准选择的原则正确的有（　　）。

A. 选择重要表面为粗基准

B. 选择不加工表面为粗基准

C. 选择加工余量最小的表面为粗基准

D. 选择平整光洁、加工面积较大的表面为粗基准

E. 粗基准在同一加工尺寸方向上只能使用两次

842. 热继电器的主要技术参数有额定电压和（　　）。

A. 额定温度
B. 额定电流

C. 相数
D. 热元件编号

E．整定电流调节范围

843．对于卧式数控车床单项切削精度中的螺纹切削精度的检验，下面说法正确的是（　　）。

A．要检验螺纹的螺距误差

B．精车60°螺纹，其螺距不超过 Z 轴丝杠螺距之半为合格

C．要检验螺纹表面是否光洁、无凹陷

D．具备螺距误差补偿装置、间隙补偿装置的机床，应在使用这些装置的条件下进行试验

E．要检验螺纹中径

844．深孔加工必须解决（　　）等问题。

A．刀具细长刚度差　　　　　　　　B．切屑不易排出

C．刀具冷却　　　　　　　　　　　D．定位精度

E．机床刚度

845．关于 G76 指令，下面说法中正确的是（　　）（华中系统）。

A．G76 是螺纹切削复合循环指令

B．使用 G76 指令可以简化编程

C．被加工螺纹的导程要在 G76 指令中定义出来

D．G76 指令可用于切削锥螺纹

E．G76 可用于圆弧面的切削加工

846．关于程序段"WHILE #1 GT 10；… ENDW；"，下列说法不正确的是（　　）（华中系统）。

A．当#1 大于 10，则转到 ENDW 后的程序段

B．当#1 大于 10，则执行 WHILE 到 ENDW 之间的程序段

C．当#1 小于或等于 10，则转到 ENDW 后的程序段

D．当#1 小于或等于 10，则执行 WHILE 到 ENDW 之间的程序段

E．当#1 大于 10，则执行 WHILE 到 ENDW 的程序段一次，再执行 ENDW 后的程序

847．普通螺纹的螺距可以用（　　）测量。

A．百分表　　　　　　　　　　　　B．螺距规

C．螺纹量规　　　　　　　　　　　D．正弦规

E．塞尺

848．下列运算（　　）不是自然对数函数和指数函数的运算指令（FANUC 系统、华中系统）。

A．#i = ASIN[#j]　　　　　　　　　B．#i = FIX[#j]

C．#i = LN[#j]　　　　　　　　　　D．#i = EXP[#j]

E．#i = ABS[#j]

849．采用开环伺服系统的数控机床的特点是（　　）。

A．定位精度低　　　　　　　　　　B．不容易调试

C. 主要用于小型数控机床　　D. 价格低

E. 一般采用步进电动机

850. 喷吸钻的结构特点是（　　）。

A. 适用于加工 $\phi 20 \sim \phi 65$ mm 的深孔

B. 高压切削液经刀柄的外套管进入切削区

C. 切屑从刀柄的内套管排出

D. 刀片在刀具中心两侧交错排列，起分屑作用

E. 前刀面磨有断屑槽

851. 在（　　）情况下，需要手动返回机床参考点。

A. 按复位键后

B. 机床电源接通开始工作之前

C. 机床停电后重新接通数控系统的电源时

D. 机床在急停信号或超程报警信号解除之后，恢复工作时

E. 加工完毕，关闭机床电源之前

852. 零件加工尺寸不稳定或不准确的原因有（　　）。

A. 滚珠丝杠支撑轴承有损坏　　B. 滚珠丝杠反向器磨损

C. 传动链松动　　D. 反向间隙变化或设置不当

E. 滚珠丝杠的预紧力不当

853. 变导程螺纹常用于（　　）。

A. 金属切削机床的丝杠　　B. 塑料挤出机床

C. 物料传送机械　　D. 螺旋动力系统

E. 高速离心泵

854. 属于高副的有（　　）。

A. 火车轮箍和轨道　　B. 滚珠丝杠副

C. 齿轮副　　D. T 形丝杠副

E. 凸轮升降机构

855. 特种加工有（　　）。

A. 电火花加工　　B. 电解加工

C. 超声波加工　　D. 亚弧焊接

E. 激光加工

856. 看装配图时，通过明细表可以知道（　　）。

A. 标准件的名称　　B. 标准件的数量

C. 标准件的材料　　D. 专用件的材料

E. 专用件的数量

857. R 参数编程具有下列功能中的（　　）（SIEMENS 系统）。

A. 变量赋值　　B. 算术运算

C. 比较运算　　D. 有条件跳转

E. 绝对跳转

858. 下列（　　）椭圆参数方程式是错误的（SIEMENS 系统）。

    A. $X = a * \sin\theta$；$Y = b * \cos\theta$　　　　B. $X = b * \cos\theta$；$Y = a * \sin\theta$

    C. $X = a * \cos\theta$；$Y = b * \sin\theta$　　　　D. $X = b * \sin\theta$；$Y = a * \cos\theta$

    E. $X = a * \tan\theta$；$Y = b * \cos\theta$

859. 纯铝、纯铜材料的切削特点是（　　）。

    A. 切削力较小　　　　　　　　　B. 尺寸精度容易控制

    C. 导热率高　　　　　　　　　　D. 易粘刀

    E. 易断屑

860. 程序段 N10 L10 P3 的含义是（　　）（SIEMENS 系统）。

    A. 调用子程序的程序名是 "L10"

    B. 连续调用子程序 3 次

    C. 机床要连续 10 次重复某一进给路线

    D. 其后的程序段一定要用绝对方式编写

    E. 分别调用子程序 "L10" 和 "P3" 一次

861. 下列运算（　　）是正切函数和反正切函数的运算指令（FANUC 系统、华中系统）。

    A. $\#i = ASIN[\#j]$　　　　　　　B. $\#i = TAN[\#j]$

    C. $\#i = COS[\#j]$　　　　　　　　D. $\#i = ATAN[\#j]$

    E. $\#i = ATAN[\#j]/[\#k]$

862. （　　）格式数据文件是 CAD 文件。

    A. DWG　　　　　　　　　　　　B. IGES

    C. STL　　　　　　　　　　　　　D. STEP

    E. X＿T

863. 运算符 "＞" "＞＝" 分别表示（　　）（SIEMENS 系统）。

    A. 等于　　　　　　　　　　　　B. 不等于

    C. 大于　　　　　　　　　　　　D. 大于或等于

    E. 小于

864. 相对于外圆车刀，使用切槽刀的特殊点在于（　　）。

    A. 刀具允许切深　　　　　　　　B. 刀具前角

    C. 刀具修光刃长度　　　　　　　D. 刀具宽度

    E. 对刀点选择

865. 数控车床几何精度的检验内容包括（　　）。

    A. 床身导轨的直线度

    B. 主轴轴端的卡盘定位锥面的径向跳动

    C. 重复定位精度

    D. 精车螺纹的螺距精度

    E. 刀架横向移动对主轴轴线的垂直度

866. 确定工序余量时，应从（　　）等方面来考虑。

A. 采用尽量小的加工余量　　　B. 留有充足的加工余量

C. 热处理变形　　　D. 加工方法和设备

E. 被加工工件的大小

867. 机械传动中属于摩擦传动的是（　　　）。

A. 摩擦轮传动　　　B. 齿轮传动

C. 蜗杆传动　　　D. 带传动

E. 链传动

868. 职工个体形象和企业整体形象的关系是（　　　）。

A. 企业的整体形象是由职工的个体形象组成的

B. 个体形象是整体形象的一部分

C. 职工个体形象与企业整体形象没有关系

D. 没有个体形象就没有整体形象

E. 整体形象要靠个体形象来维护

869. 工件回火后可以（　　　）。

A. 减小、消除内应力　　　B. 提高塑性和韧性

C. 提高硬度　　　D. 提高强度

E. 稳定组织和尺寸

870. 百分表的正确使用方法是（　　　）。

A. 测量前不用校表就可以直接测量

B. 测头与工件接触时测杆应有一定的压缩量

C. 使用时测量杆应垂直于零件被测表面

D. 测量时提压测量杆的次数不宜过多

E. 测量时测量杆的行程不要超过它的示值范围

871. 采用左右交替进刀法车削螺纹的特点是（　　　）。

A. 切削力小　　　B. 排屑顺畅

C. 刀具磨损小　　　D. 螺纹表面质量差

E. 加工效率高

872. （　　　）无助于枪孔钻加工深孔时减少切削力和切削热。

A. 进给速度快，减少了切削力　　　B. 有横刃，减少了切削负荷

C. 导向性能好　　　D. 切削液能够进入切削区

E. 冷却和排屑性能好

873. 运算符"＜""＜ ＝"分别表示（　　　）（SIEMENS 系统）。

A. 等于　　　B. 不等于

C. 小于　　　D. 小于或等于

E. 大于

874. 金刚石砂轮适用于（　　　）刀具材料的磨削。

A. 高速钢　　　B. 碳素工具钢

C. 硬质合金　　　D. 立方氮化硼

E. 聚晶金刚石

875. （　　）是气压系统故障现象。
    A. 元件动作失灵　　　　　　B. 气压过低
    C. 气体泄漏　　　　　　　　D. 气压表损坏
    E. 工作台反向间隙增大

876. 滚珠丝杠的润滑采取（　　）。
    A. 定期更换润滑脂　　　　　B. 装配时注入永久性润滑脂
    C. 人工定期注入润滑油　　　D. 机床自动定期输入润滑油
    E. 定期注入润滑脂和润滑油

877. 轴的常用材料是（　　）。
    A. 碳钢　　　　　　　　　　B. 合金钢
    C. 可锻铸铁　　　　　　　　D. 铝合金
    E. 球墨铸铁

878. 刃磨高速钢材料刀具可选（　　）。
    A. 白刚玉砂轮　　　　　　　B. 单晶刚玉砂轮
    C. 绿碳化硅砂轮　　　　　　D. 锆刚玉砂轮
    E. 立方氮化硼砂轮

879. 关于 G72 指令，下面说法中正确的是（　　）（华中系统）。
    A. G72 是内外圆粗加工复合循环指令
    B. 使用 G72 指令可以简化编程
    C. G72 指令是沿着平行于 X 轴的方向进行粗切削循环加工的
    D. G72 指令不能用于切削斜端面
    E. G72 可用于径向沟槽的切削加工

880. 下列运算（　　）是余弦函数和反余弦函数的运算指令（FANUC 系统、华中系统）。
    A. #i = TAN[#j]　　　　　　B. #i = ACOS[#j]
    C. #i = COS[#j]　　　　　　D. #i = SIN[#j]
    E. #i = ATAN[#j]

881. 减小车削表面粗糙度的主要方法有（　　）。
    A. 减小进给速度　　　　　　B. 保留尽可能小的精加工余量
    C. 防止出现积屑瘤　　　　　D. 加大刀尖半径
    E. 减少振动

882. 程序段 G90 X __Z __F __中，（　　）（FANUC 系统）。
    A. G90 是圆柱面车削循环指令
    B. X、Z 为本程序段运行结束时的终点坐标
    C. F 定义的是切削进给速度
    D. G90 是模态指令
    E. 本程序段中指定了此循环加工的起点坐标

883. 关于公差等级，下面说法中正确的有（　　　）。

    A. 形状公差等级分为 12 级，但圆度和圆柱度为 13 级

    B. 各种位置公差为 12 级

    C. 各种尺寸公差为 20 级

    D. 位置公差中最高级为 12 级，最低为 0 级

    E. 圆度与圆柱度最高为 0 级

884. 数控机床中可编程序控制器主要接受处理（　　　）。

    A. 数控系统的 M 信号　　　　　B. 机床操作面板的信号

    C. 数控系统的 S 信号　　　　　D. 数控系统的 T 信号

    E. 数控系统的 F 信号

885. 压力控制回路的主要作用是调整系统整体或某一部分的压力，以满足液压执行元件对（　　　）的要求。

    A. 力　　　　　　　　　　　　B. 流速

    C. 扭矩　　　　　　　　　　　D. 换向

    E. 流量

886. 钢材淬火的用途是（　　　）。

    A. 细化晶粒　　　　　　　　　B. 消除内应力

    C. 提高硬度　　　　　　　　　D. 提高塑性

    E. 提高强度

887. 下列运算（　　　）不是自然对数函数和指数函数的运算指令（SIEMENS 系统）。

    A. $Ri = ASIN(Rj)$　　　　　　B. $Ri = TRUNC(Rj)$

    C. $Ri = LN(Rj)$　　　　　　　D. $Ri = EXP(Rj)$

    E. $Ri = ABS(Rj)$

888. 职业道德的特点是（　　　）。

    A. 职业道德具有明显的广泛性

    B. 职业道德具有连续性

    C. 通过公约、守则的形式，使职业道德具体化、规范化

    D. 职业道德建设的原则是集体主义

    E. 职业道德具有形式上的多样性

889. 为了增强刀尖强度可采取（　　　）等措施。

    A. 加大前角　　　　　　　　　B. 减小副偏角

    C. 增加倒棱宽度　　　　　　　D. 负的刃倾角

    E. 修磨过渡刃

890. 影响切削加工表面粗糙度的主要因素有（　　　）等。

    A. 切削速度　　　　　　　　　B. 切削深度

    C. 进给量　　　　　　　　　　D. 工件材料性质

    E. 刀具角度

891. 钢材淬火时为了减少变形和避免开裂，需要正确选择（　　　）。

A. 冷却速度　　　　　　　　　　B. 方法

C. 加热温度　　　　　　　　　　D. 冷却介质

E. 设备

892. 在变量使用中，下面选项（　　）的格式是不对的（FANUC 系统、华中系统）。

A. O#1　　　　　　　　　　　B. /#2 G00 X100.0

C. N#3 X200.0　　　　　　　　D. G01 X［#1 + #2］F［#3］

E. SIN［#13］

893. 企业生产经营活动中，员工之间团结互助包括（　　）。

A. 讲究合作，避免竞争　　　　B. 平等交流，平等对话

C. 既合作，又竞争　　　　　　D. 互相学习，共同提高

894. 使用半闭环系统的数控机床，其位置精度主要取决于（　　）。

A. 机床传动链的精度　　　　　B. 驱动装置的精度

C. 位置检测及反馈系统的精度　D. 计算机的运算精度

E. 工作台的精度

895. 普通外螺纹的标准中规定了公差的项目是（　　）。

A. 大径　　　　　　　　　　　B. 底径

C. 螺距　　　　　　　　　　　D. 牙型角

E. 中径

896. 车削细长轴的加工特点是（　　）。

A. 振动大　　　　　　　　　　B. 易发生弯曲

C. 刀具磨损大　　　　　　　　D. 排屑不易

E. 使用辅助夹具要求高

897. 下述关于基本偏差的论述中，正确的是（　　）。

A. 基准轴的基本偏差为上偏差，其值为零

B. 基本偏差的数值与公差等级均无关

C. 与基准轴配合的孔，A ~ H 为间隙配合，J ~ ZC 为过盈配合

D. 对于轴的基本偏差，a ~ h 为上偏差 es，且为负值或零

E. 基准轴的基本偏差为下偏差，其值为零

898. 用于数控加工的操作仿真软件必须具备（　　）功能。

A. 系统面板仿真操作　　　　　B. 机床面板仿真操作

C. 工件加工过程模拟　　　　　D. 对刀操作模拟

E. 刀具干涉检查

899. 按照装配图中某些零件即使在剖视图中也不要剖切的规定，可以很容易地将（　　）区分出来。

A. 螺钉　　　　　　　　　　　B. 键

C. 手柄　　　　　　　　　　　D. 花键轴

E. 销

900. 加工内孔时在刀尖圆弧半径补偿中可用的刀尖方位号是（　　）。

A. ⑨   B. ②

C. ③   D. ④

E. ①

901. 常用的螺纹连接防松方法是（　　）。

　　A. 增大摩擦力   B. 焊接

　　C. 使用机械结构   D. 冲边

　　E. 粘接

902. 机械制图中简化画法的原则是（　　）。

　　A. 避免不必要的视图

　　B. 在不引起误解时，避免使用虚线表示不可见结构

　　C. 使用标准符号

　　D. 减少不必要的标注

　　E. 减少同结构要素的重复绘制

903. 下列运算（　　）不是正切函数和反正切函数的运算指令（SIEMENS 系统）。

　　A. Ri = ATAN2(Rj)   B. Ri = ACOS(Rj)

　　C. Ri = TAN(Rj)   D. Ri = SIN(Rj)

　　E. Ri = ATAN2(Rj/Rk)

904. 在平床身数控车床上加工外圆左旋螺纹时，可采用下面（　　）加工方法。

　　A. 刀面朝上，主轴正转，从左向右切削

　　B. 刀面朝下，主轴反转，从右向左切削

　　C. 刀面朝下，主轴正转，从左向右切削

　　D. 刀面朝上，主轴反转，从右向左切削

　　E. 刀面朝上，主轴正转，从右向左切削

905. 与零件车削加工有关的精度项目有（　　）。

　　A. 线轮廓度   B. 径向圆跳动

　　C. 直线度   D. 位置度

　　E. 同轴度

906. 伺服系统的结构包括（　　）。

　　A. 电压环   B. 速度环

　　C. 位置环   D. 电流环

　　E. 反馈环

907. 减少自激振动的主要途径是（　　）组合使用。

　　A. 较大的进给量   B. 较小的背吃刀量

　　C. 采用90°主偏角   D. 较大的前角

　　E. 回转件平衡

908. 加工不锈钢的硬质合金刀具应具有（　　）性能。

　　A. 抗塑性   B. 耐磨

　　C. 强度高   D. 抗黏结

E. 红硬性好

909. 表示上偏差的代号是（　　）。

A. ES
B. EI

C. es
D. ei

E. Ei

910. 下列关于互换的论述中正确的是（　　）。

A. 互换分为完全互换和不完全互换

B. 互换性能够满足使用性能的要求

C. 具有互换性的零件在装配前不需作任何挑选

D. 保证配合零件尺寸在合理的公差范围内，可以实现零件配合的互换性

E. 只有过盈配合的零件才具有互换性

911. 关于程序"N20 IF［#1 GT 100］；… N90 ENDIF；N100…;"，下列说法不正确的是（　　）（华中系统）。

A. 如果#1 小于或等于 100，则跳转到 N100 的程序段

B. 如果#1 小于或等于 100，则执行 IF 到 N100 的程序段

C. 如果#1 大于 100，则执行 IF 到 N100 的程序段

D. 如果#1 大于 100，则 100 赋值给#1

E. 如果#1 大于 100，则跳转到 N100 的程序段

912. 零件图中可以采用简化画法的小结构有（　　）。

A. 圆角
B. 45°倒角

C. 凹坑
D. 沟槽

E. 刻线

913. 将 G94 循环切削过程按顺序分 1、2、3、4 四个步骤，其中（　　）步骤是按快进速度进给（FANUC 系统）。

A. 1
B. 2
C. 3
D. 4

E. 1、2、3、4 都是

914. 下列 R 参数中，（　　）只可以在加工循环程序段中使用（SIEMENS 系统）。

A. R50
B. R100

C. R150
D. R200

E. R250

915. PLC 基本单元的构成通常由（　　）部分组成。

A. 电源
B. CPU

C. 存储器
D. I/O 接口

E. 编程器

916. 数控车床几何精度的检验内容包括（　　）。

A. 床身导轨的直线度
B. 主轴端部的跳动

C. 精车端面的平面度
D. 精车螺纹的螺距精度

E. 刀架纵向移动对主轴轴线的平行度

917. 适当提高钢中的（　　）含量有利于改善钢的切削性能。
　　A. 硅　　　　　　　　　　　B. 锰
　　C. 硫　　　　　　　　　　　D. 磷
　　E. 镍

918. 切削加工时，切削速度的选择要受（　　）的限制。
　　A. 机床功率　　　　　　　　B. 工艺系统刚度
　　C. 工件材料　　　　　　　　D. 刀具寿命
　　E. 工序基准的选择

919. 关于 G74 指令，下面说法中正确的是（　　）（FANUC 系统）。
　　A. G74 是深孔钻循环指令
　　B. 使用 G74 指令可以简化编程
　　C. G74 指令可实现断屑加工
　　D. G74 指令可用于切削圆锥面和圆弧面
　　E. G74 可用于径向沟槽的切削加工

920. 下列（　　）是抛物线方程（FANUC 系统、华中系统）。
　　A. $X = a + r * \cos\theta$；$Y = b + r * \sin\theta$
　　B. $X = 2p * t^2$；$Y = 2p * t$
　　C. $X = a * \cos\theta$；$Y = b * \sin\theta$
　　D. $X^2/a^2 + Y^2/b^2 = 1$
　　E. $Y^2 = 2p * X$

921. 工艺分析包括（　　）等内容。
　　A. 零件图样分析　　　　　　B. 确定加工方法
　　C. 安排加工路线　　　　　　D. 选择机床
　　E. 选择刀夹具

922. 数控加工工序集中的特点是（　　）。
　　A. 减少了设备数量　　　　　B. 减少了工序数目
　　C. 增加了加工时间　　　　　D. 增加了装夹次数
　　E. 提高了生产率

923. 深孔钻加工时着重要解决（　　）等问题。
　　A. 排屑　　　　　　　　　　B. 刀具的刚度
　　C. 冷却　　　　　　　　　　D. 散热
　　E. 测量方便

924. 圆偏心夹紧机构的夹紧力与（　　）成反比。
　　A. 回转中心到夹紧点之间的距离
　　B. 手柄上力的作用点到回转中心的距离
　　C. 作用在手柄上的力
　　D. 偏心升角
　　E. 夹紧行程

925. 下列运算（　　）不是绝对值函数和平方根函数的运算指令（SIEMENS 系统）。

A. Ri = ABS(Rj)　　　　　　　B. Ri = SQRT(Rj)

C. Ri = ABS(Rj + Rk)　　　　　D. Ri = SIN(Rj)

E. Ri = ATAN(Rj)/(Rk)

926. 采用斜向进刀法车削螺纹的特点是（　　）。

A. 切削力大　　　　　　　　　B. 排屑顺畅

C. 牙型精度差　　　　　　　　D. 螺纹表面质量差

E. 加工效率高

927. 关于 G73 指令，下面说法中正确的是（　　）（华中系统）。

A. G73 是闭环车削复合循环指令

B. 使用 G73 指令可以简化编程

C. G73 指令是按照一定的切削形状逐层进行切削加工的

D. G73 指令可用于切削圆锥面和圆弧面

E. G73 可用于径向沟槽的切削加工

928. 滑动螺旋机构的优点是（　　）。

A. 结构简单　　　　　　　　　B. 工作平稳连续

C. 承载能力大　　　　　　　　D. 易于自锁

E. 定位精度高

929. 影响刀具耐用度的因素有（　　）。

A. 刀具材料　　　　　　　　　B. 切削用量

C. 零件形状　　　　　　　　　D. 刀具几何角度

E. 工件材料

930. 工序尺寸及其公差的确定与（　　）有关。

A. 工序余量的大小　　　　　　B. 测量方法

C. 工序基准的选择　　　　　　D. 工时定额

931. 下面说法正确的是（　　）。

A. 封闭环的基本尺寸等于各增环的基本尺寸之和减去各减环的基本尺寸之和

B. 各增环的基本尺寸之和一定大于或等于封闭环的基本尺寸

C. 各减环的基本尺寸之和一定小于或等于封闭环的基本尺寸

D. 工艺加工中封闭环的基本尺寸完全没有必要计算出来

932. 职业道德是增强企业凝聚力的主要手段，主要是指（　　）。

A. 协调企业职工同事关系　　　B. 协调职工与领导的关系

C. 协调职工与企业的关系　　　D. 协调企业与企业的关系

933. 创新对企事业和个人发展的作用表现在（　　）。

A. 是企事业持续、健康发展的巨大动力

B. 是企事业竞争取胜的重要手段

C. 是个人事业获得成功的关键因素

D. 是个人提高自身职业道德水平的重要条件

934. 维护企业信誉必须做到（　　）。
    A. 树立产品质量意识
    B. 重视服务质量，树立服务意识
    C. 保守企业一切秘密
    D. 妥善处理顾客对企业的投诉

935. 职业道德的主要内容有（　　）等。
    A. 爱岗敬业
    B. 个人利益至上
    C. 无序竞争
    D. 诚实守信

936. 职业纪律包括（　　）等。
    A. 劳动纪律
    B. 组织纪律
    C. 财经纪律
    D. 群众纪律

937. 表面化学热处理的主要目的是（　　）。
    A. 提高耐磨性
    B. 提高耐蚀性
    C. 提高抗疲劳性
    D. 表面美观

938. 爱岗敬业的具体要求有（　　）。
    A. 树立职业理想
    B. 提高道德修养
    C. 强化职业责任
    D. 提高职业技能

939. 关于爱岗敬业的说法中，你认为正确的是（　　）。
    A. 爱岗敬业是现代企业精神
    B. 现代社会提倡人才流动，爱岗敬业正逐步丧失它的价值
    C. 爱岗敬业要树立终生学习观念
    D. 发扬螺丝钉精神是爱岗敬业的重要表现

940. 开拓创新的具体要求是（　　）。
    A. 有创造意识
    B. 科学思维
    C. 有坚定的信心和意志
    D. 说干就干，边干边想

941. 图中（　　）为增环。

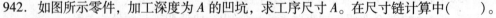

    A. A1
    B. A2
    C. A3
    D. A4
    E. A5

942. 如图所示零件，加工深度为 A 的凹坑，求工序尺寸 A。在尺寸链计算中（　　）。

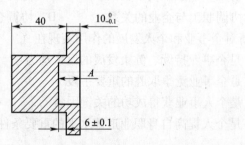

A. *A* 是封闭环 B. 尺寸 40 是增环

C. *A* 的尺寸是 16 mm D. *A* 的上偏差是 0

E. *A* 的下偏差是 −0.1 mm

943. 对于图中所示的零件轮廓和刀具,使用粗加工固定循环编程并加工的注意事项是 (   )。

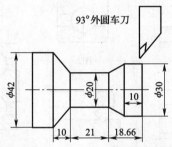

A. 刀具的副偏角角度 B. 精加工余量的方向

C. 精加工余量的大小 D. 刀具的主偏角角度

E. 进刀形式

944. 如图所示,*A*、*B* 面已加工。现要以 *A* 面定位,以尺寸 *L* 调整夹具铣槽 *C* 面,以保证设计尺寸 (20 ± 0.15) mm,那么在本工序的尺寸链计算中 (   )。

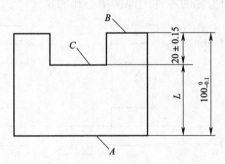

A. *L* 是减环

B. 设计基准与定位基准不重合

C. *L* 的公差为 0.2 mm

D. *L* 的尺寸及偏差为 80 mm (上偏差 +0.15 mm,下偏差 +0.05 mm)

E. *L* 是增环

945. 图中表示滚子轴承的是 (   )。

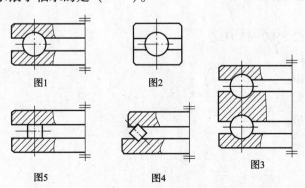

图1   图2

图5   图4   图3

A. 图1　　　　　　　　　B. 图2

C. 图3　　　　　　　　　D. 图4

E. 图5

946. 图中表示滚珠轴承的是（　　　）。

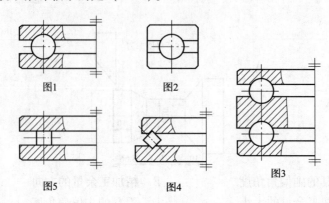

图1　　　　　　图2　　　　　　图3

图5　　　　　　图4

A. 图1　　　　　　　　　B. 图2

C. 图3　　　　　　　　　D. 图4

E. 图5

947. 图样中允许在加工完的零件上保留中心孔的是（　　　）。

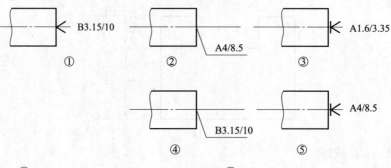

A. ①　　　　　　　　　B. ②

C. ③　　　　　　　　　D. ④

E. ⑤

948. 用题图中所示的刀具（$K_r = 93°$）在前置刀架的数控车床上加工图示铝制工件的内孔，其精加工程序如下。

```
…；
G0 X28 Z2 S600 M3 F0.3；
G1 Z–5；
X38 Z–10；
Z–65；
X28 Z–70；
Z–80；
```

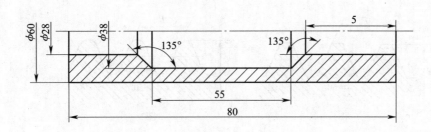

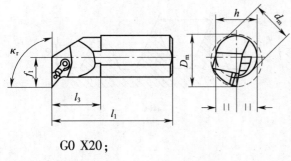

刀片	d_m	D_m	f_1	l_1	l_3
55°菱形	12	18	11	150	45

G0 X20；

Z5；

…；

以上程序中存在的问题是（　　）。

    A. 切削参数不合理　　　　　　B. 进退刀位置错误

    C. 轮廓轨迹错误　　　　　　　D. 刀片选择错误

    E. 刀杆选择错误

949. 零件如图所示，A、B、C 面已加工完毕，镗削零件上的孔。为装夹方便，以 A 面定位，按 L 调整夹具进行加工，那么在本工序的尺寸链计算中（　　）。

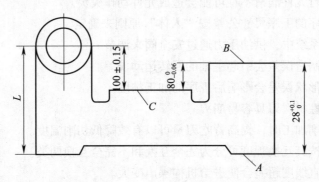

    A. 尺寸 $80_{-0.06}^{\ 0}$ 是增环　　　　B. 尺寸 $80_{-0.06}^{\ 0}$ 是减环

    C. 尺寸 L 为 300 mm　　　　　　D. 尺寸 L 的上偏差为 0.31 mm

    E. 尺寸 L 的下偏差为 −0.15 mm

950. 在下列图中管螺纹是（　　）。

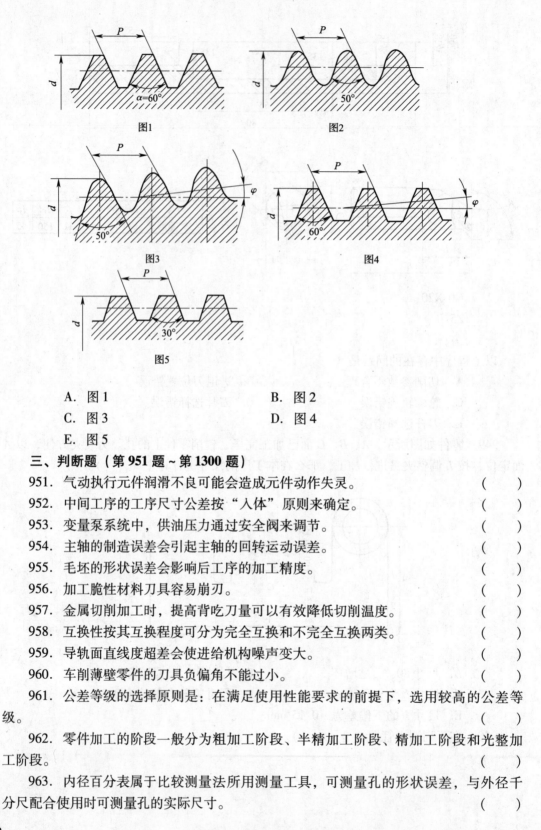

图1

图2

图3

图4

图5

A. 图 1   B. 图 2

C. 图 3   D. 图 4

E. 图 5

三、判断题（第 951 题 ~ 第 1300 题）

951. 气动执行元件润滑不良可能会造成元件动作失灵。　　　　　　　　　　（　　）

952. 中间工序的工序尺寸公差按"入体"原则来确定。　　　　　　　　　　（　　）

953. 变量泵系统中，供油压力通过安全阀来调节。　　　　　　　　　　　　（　　）

954. 主轴的制造误差会引起主轴的回转运动误差。　　　　　　　　　　　　（　　）

955. 毛坯的形状误差会影响后工序的加工精度。　　　　　　　　　　　　　（　　）

956. 加工脆性材料刀具容易崩刃。　　　　　　　　　　　　　　　　　　　（　　）

957. 金属切削加工时，提高背吃刀量可以有效降低切削温度。　　　　　　　（　　）

958. 互换性按其互换程度可分为完全互换和不完全互换两类。　　　　　　　（　　）

959. 导轨面直线度超差会使进给机构噪声变大。　　　　　　　　　　　　　（　　）

960. 车削薄壁零件的刀具负偏角不能过小。　　　　　　　　　　　　　　　（　　）

961. 公差等级的选择原则是：在满足使用性能要求的前提下，选用较高的公差等级。　　　　　　　　　　　　　　　　　　　　　　　　　　　　　　　　（　　）

962. 零件加工的阶段一般分为粗加工阶段、半精加工阶段、精加工阶段和光整加工阶段。　　　　　　　　　　　　　　　　　　　　　　　　　　　　　　　（　　）

963. 内径百分表属于比较测量法所用测量工具，可测量孔的形状误差，与外径千分尺配合使用时可测量孔的实际尺寸。　　　　　　　　　　　　　　　　　（　　）

964. CYCLE95 毛坯切削循环加工中，每次切削的路线与其精加工路线完全相同（SIEMENS 系统）。 （ ）

965. 循环语句"WHILE［条件表达式］DO m"中的 m 是循环标号，标号可由任意数字指定（FANUC 系统）。 （ ）

966. 遵纪守法指的是每个从业人员都要遵守纪律和法律，尤其要遵守职业纪律和与职业活动相关的法律法规。 （ ）

967. 计算机辅助编程生成刀具轨迹前要指定所使用的数控系统。 （ ）

968. 细长轴适宜在双刀架、双主轴的数控车床上加工。 （ ）

969. 赋值号" ＝ "两边内容不能随意互换，左边只能是变量，右边可以是数值、变量或表达式（FANUC 系统、华中系统）。 （ ）

970. 钢件的硬度高，难以进行切削，钢件的硬度越低，越容易切削加工。 （ ）

971. 乳化液的冷却性能介于水和油之间，接近于水。 （ ）

972. 宏程序中的变量分为系统变量和用户变量（FANUC 系统）。 （ ）

973. 程序段"IF R1 > 6 GOTOB LABEL1 ；…；LABEL1：…；"表示如果 R1 中的值大于 6，则程序向后跳转至"LABEL1"段（SIEMENS 系统）。 （ ）

974. 为了保证机床主轴的传动精度，支承轴承的径向和轴向间隙调整得越小越好。 （ ）

975. 润滑不良可能会导致进给机构传动故障。 （ ）

976. G81 指令主要用于大小直径差较大而轴向长度较短的盘类工件的端面切削（华中系统）。 （ ）

977. 子程序的编写方式必须是增量方式（SIEMENS 系统）。 （ ）

978. 在夹具设计中常用的平面定位元件有固定支承、可调支承、辅助支承等，它们均对工件起定位作用。 （ ）

979. G94 指令主要用于大小直径差较大而轴向长度较短的盘类工件的端面切削（FANUC 系统）。 （ ）

980. 造成切削时振动大的主要原因，从机床的角度来看主要是主轴松动。 （ ）

981. 螺旋压板夹紧装置夹紧力的大小与螺纹相对压板的位置无关。 （ ）

982. 润滑剂的主要作用是降低摩擦阻力。 （ ）

983. 细长轴毛坯余量不均匀与车削过程中发生振动无关。 （ ）

984. 等误差直线逼近法是指设定相邻两节点的弦长相等时，对该轮廓曲线所进行的节点坐标值计算的方法。 （ ）

985. 在对工件进行定位时，工件被限制的自由度必须为六个才能满足加工要求。 （ ）

986. 若回转轴前工序加工径向尺寸为 d_1，本工序加工径向尺寸到 d_2，则其在直径上的工序余量为 $d_1 - d_2$。 （ ）

987. 假设#1 = 1.2，当执行小数点以下取整运算指令#3 = FUP［#1］时，是将值 2.0 赋给变量#3（FANUC 系统）。 （ ）

988. 车削较深的槽，割刀主切削刃应该高于刀头的其他部位。 （ ）

989. 气动系统漏气会增加能量消耗，但不会造成供气压力的下降。　　　（　　）

990. 变量运算中的运算规则与数学上的定义基本一致，优先级顺序是从低至高（SIEMENS 系统）。　　　（　　）

991. 平方根的运算指令格式为#i = SQRT[#j]（FANUC 系统、华中系统）。（　　）

992. 团队精神能激发职工更大的能量，发掘更大的潜能。　　　（　　）

993. 采用闭环系统的数控机床的精度完全取决于位置测量和反馈系统的精度。（　　）

994. 在加工程序执行前，调整每把刀的刀位点，使其尽量重合于某一点，这一过程称为对刀。　　　（　　）

995. 最初期的 DNC 技术用于计算机和数控机床之间传送程序。　　　（　　）

996. CYCLE95 毛坯切削循环能够在一次循环中完成工件内外圆表面的粗加工、半精加工和精加工（SIEMENS 系统）。　　　（　　）

997. 金属切削加工时，提高切削速度可以有效降低切削温度。　　　（　　）

998. 正切函数的运算指令的格式为 Ri = TAN(Rj)（SIEMENS 系统）。（　　）

999. 以生产实践和实验研究积累的有关加工余量的资料数据为基础，结合实际加工情况进行修正来确定加工余量的方法，称为经验估算法。　　　（　　）

1000. 正弦（度）的运算指令的格式为#i = TAN[#j]（FANUC 系统、华中系统）。（　　）

1001. 用枪孔钻加工深孔，具有导向好和切削稳定等特点。　　　（　　）

1002. 使用千分尺时，用等温方法将千分尺和被测件保持同温，这样可以减少温度对测量结果的影响。　　　（　　）

1003. 方程 $y^2 = 2px$（$p > 0$）是抛物线标准方程（SIEMENS 系统）。（　　）

1004. 数控加工仿真结果的准确性取决于仿真系统数学模型。　　　（　　）

1005. FANUC 数控系统宏指令中角度单位是弧度，而华中系统的宏指令中角度单位是度。　　　（　　）

1006. 液压系统常见的故障表现形式有噪声、爬行和油温过高等。　　　（　　）

1007. 数控机床选择夹具时，要求尽量选用组合夹具、通用夹具，避免使用专用夹具。　　　（　　）

1008. 反余弦的运算指令的格式为#i = ACOS[#j]（FANUC 系统、华中系统）。（　　）

1009. 手动程序输入时，模式选择按钮应置于自动运行位置上。　　　（　　）

1010. 齿轮特征画法中宽矩形表示滚针。　　　（　　）

1011. B 型中心孔是不带护锥的中心孔。　　　（　　）

1012. 运算符"<"的含义是小于或等于（SIEMENS 系统）。　　　（　　）

1013. 曲轴零件图主要由一个主视图和局部剖视图组成。　　　（　　）

1014. 假设#2 = −1.2，当执行#3 = SIGN[#2] 时，是将"−"号赋给变量#3（华中系统）。　　　（　　）

1015. 液压传动系统能够实现能量传递和动作控制。　　　（　　）

1016. 加工脆性材料不会产生积屑瘤。（　　）

1017. 在程序段"G72 W(Δd) R(e)；G72 P(ns) Q(nf) U(Δu) W(Δw) F(f) S(s) T(t)；"中，Δu 表示 X 轴方向上的精加工余量（FANUC 系统）。（　　）

1018. G41 或 G42 程序段内，需有 G01 或 G00 指令轴移动时才能建立刀补。

（　　）

1019. 反余弦的运算指令的格式为 Ri = ACOS(Rj)（SIEMENS 系统）。（　　）

1020. 三相同步电动机适用于不要求调速的场合。（　　）

1021. 两顶针装夹适用于车削较长的偏心工件。（　　）

1022. 数控机床切削精度的检验是在切削加工条件下对机床几何精度和定位精度的一项综合考核。（　　）

1023. 零件只要能够加工出来，并能够满足零件的使用要求，就说明零件的结构工艺性良好。（　　）

1024. 封闭环的最大极限尺寸等于各增环的最大极限尺寸之和减去各减环的最小极限尺寸之和。（　　）

1025. 异步电动机的额定功率，是指在额定运行情况下，从轴上输出的电功率。

（　　）

1026. 基准不重合和基准位置变动的误差，会造成定位误差。（　　）

1027. N1 IF［#2 GT 10］…中 GT 表示大于（FANUC 系统、华中系统）。（　　）

1028. 使用 G65 给局部变量赋值时，自变量地址 Z 对应的变量号为#31（FANUC 系统）。（　　）

1029. G28 X100 Z50 的作用是从参考点返回到点（50，100）。（　　）

1030. 宏变量#220 是全局变量（华中系统）。（　　）

1031. 在机械制图中，与投影面之间有倾斜角度的圆应该画成椭圆。（　　）

1032. 斜楔夹紧机构中斜角一般取 6°~8°是为了保证自锁。（　　）

1033. 正弦的运算指令的格式为 Ri = TAN(Rj)（SIEMENS 系统）。（　　）

1034. 尺寸链中封闭环为 L_0，增环 L_1 为 50 mm（上偏差 +0.08，下偏差 0），减环 L_2 为 20 mm（上偏差 0，下偏差 -0.08），那么封闭环 L_0 的公差为 0.08 mm。（　　）

1035. 公称直径为 24 mm，中径和大径公差带代号分别为 5g 和 6g，粗牙左旋，长旋合长度为 L 时，该螺纹的标记为 M24 – 5g6g – LH。（　　）

1036. 数控机床的程序保护开关处于 ON 位置时，不能对程序进行编辑。（　　）

1037. 机床几何精度综合反映了机床各关键零、部件及其组装后的综合几何形状精度或相对位置精度。（　　）

1038. 用螺纹千分尺直接测量螺纹的中径，其精度没有用三针测量法测量的精度高。（　　）

1039. 数控机床的最主要特点是自动化。（　　）

1040. 精加工循环指令 G70 一般用于毛坯多层切削循环加工（FANUC 系统）。

（　　）

1041. 标准划分为国家标准、行业标准、地方标准和企业标准等。（　　）

1042．通过对装配图的识读，可以了解零件的结构、零件之间的连接关系和工作时的运动情况。 （　　）

1043．齿轮特征画法中长矩形表示滚针。 （　　）

1044．宏变量#15 是当前局部变量（华中系统）。 （　　）

1045．深孔钻削时要始终连续均匀进给。 （　　）

1046．测量精度和测量误差是两个相对的概念，精度高，则误差小；反之，精度低，则误差大。 （　　）

1047．点检可分为专职点检、日常点检、生产点检。 （　　）

1048．表达式"#1 = #2 + #3 * SIN[#4]"的运算次序依次为 SIN[#4]，#3 * SIN[#4]，#2 + #3 * SIN[#4]（FANUC 系统、华中系统）。 （　　）

1049．数控机床伺服系统的作用是转换数控装置的脉冲信号去控制机床各部件工作。 （　　）

1050．滚珠丝杠副由于不能自锁，故在垂直安装应用时需添加平衡或自锁装置。 （　　）

1051．在同一要素上给出的形状公差值应大于位置公差值。 （　　）

1052．外排屑深孔钻主要用于在直径为 $2 \sim 20$ cm 的实体材料毛坯上钻深孔。 （　　）

1053．车削细长轴时，粗车刀安装时刀尖应略高于中心。 （　　）

1054．在子程序中，不可以再调用另外的子程序，即不可以调用二重子程序（FANUC 系统、华中系统）。 （　　）

1055．工件以外圆定位装夹，配车数控车床液压卡盘软卡爪时，为了消除卡爪夹紧间隙，必须在卡爪夹一适当直径的定位圆柱。 （　　）

1056．在双重卡盘上适合车削小批量生产的偏心工件。 （　　）

1057．R 参数编程中，"IF"是跳转条件导入符（SIEMENS 系统）。 （　　）

1058．DNC 的方向是向计算机与数控机床集成技术发展。 （　　）

1059．程序段 G90 X __ Z __ R __ F __ 中，R __ 指定的是圆弧半径的值（FANUC 系统）。 （　　）

1060．普通车床的小溜板和导轨成一定夹角后，转动溜板箱的进给手轮可以完成车锥体。 （　　）

1061．选择零件材料首先要考虑其加工的工艺性，即制造的可行性。 （　　）

1062．椭圆参数方程式为 $X = a * \cos\theta$；$Y = b * \sin\theta$（FANUC 系统、华中系统）。 （　　）

1063．基准重合时工序尺寸采取由后向前逐个工序推算的办法确定。 （　　）

1064．零件从毛坯到成品的整个加工过程中，总余量等于各工序余量之和。 （　　）

1065．确定零件加工方法时要综合考虑零件加工要求、零件结构、零件材料、生产量、生产条件等因素的影响。 （　　）

1066．数控机床的主程序可以调用子程序，子程序还可调用另一个子程序（FANUC 系统、华中系统）。 （　　）

1067. 程序段 G81 X __ Z __ K __ F __ 中，K __ 为端面切削起点至切削终点在 Z 方向的坐标增量（华中系统）。　　　　　　　　　　　　　　　　　　（　　）

1068. 赋值号"＝"两边内容不能随意互换，左边只能是变量，右边可以是数值、变量或表达式（SIEMENS 系统）。　　　　　　　　　　　　　　　　　（　　）

1069. 尺寸链组成环中，只能有一个增环和一个减环。　　　　　　　　（　　）

1070. 伺服系统的性能，不会影响数控机床加工零件的表面粗糙度值。　（　　）

1071. 热继电器误动作是因为其电流整定值太大造成的。　　　　　　　（　　）

1072. 刀具磨损是不可避免的，而刀具破损是使用不当造成的。　　　　（　　）

1073. 不同直径和牙型的螺纹可以用同一螺纹量规综合测量。　　　　　（　　）

1074. 基准位移误差是指定位基准面和定位元件本身的制造误差所引起的定位误差。　　　　　　　　　　　　　　　　　　　　　　　　　　　　　　　　（　　）

1075. 孔系组合夹具比槽系组合夹具的刚度好、定位精度高。　　　　　（　　）

1076. 在斜床身数控车床上加工外圆右旋螺纹，当螺纹刀面朝上，主轴反转时，切削路线应从左向右。　　　　　　　　　　　　　　　　　　　　　　　　　（　　）

1077. 绝对值的运算指令格式为#i = ROUND[#j]（FANUC 系统、华中系统）。
　　　　　　　　　　　　　　　　　　　　　　　　　　　　　　　　（　　）

1078. G71 内外圆粗加工循环中，每次切削的路线与其精加工路线完全相同（FANUC 系统）。　　　　　　　　　　　　　　　　　　　　　　　　　（　　）

1079. 自变量地址 K1 对应的变量号为#1（FANUC 系统）。　　　　　　（　　）

1080. 相对测量法是把放大了影像和按预定放大比例绘制的标准图形相比较，一次可实现对零件多个尺寸的测量。　　　　　　　　　　　　　　　　　　　（　　）

1081. 薄壁零件在夹紧力的作用下容易产生变形，常态下工件的弹性复原能力将直接影响工件的尺寸精度和形状精度。　　　　　　　　　　　　　　　　　（　　）

1082. 压力控制回路中可以用增压回路替代高压泵。　　　　　　　　　（　　）

1083. 零件表面粗糙度值越小，零件的工作性能就越差，寿命也越短。　（　　）

1084. G71 内外圆粗加工循环能够在一次循环中完成工件内外圆表面的粗加工、半精加工和精加工（FANUC 系统）。　　　　　　　　　　　　　　　　（　　）

1085. 宏程序中的运算次序与数学中的定义基本一致，优先级顺序是从低至高（FANUC 系统、华中系统）。　　　　　　　　　　　　　　　　　　　（　　）

1086. 遵纪守法，廉洁奉公是每个从业者应具备的道德品质。　　　　　（　　）

1087. G80 X __ Z __ R __ F __ 指令中，R __ 指定的是圆弧半径的值（华中系统）。
　　　　　　　　　　　　　　　　　　　　　　　　　　　　　　　　（　　）

1088. 孔、轴之间的配合关系分为间隙配合、过盈配合和过渡配合。　　（　　）

1089. 国家标准中规定了两种平行的基准制——基孔制和基轴制。　　　（　　）

1090. 数控机床的运动精度主要取决于伺服驱动元件和机床传动机构精度、刚度和动态特性。　　　　　　　　　　　　　　　　　　　　　　　　　　　　（　　）

1091. 螺纹标准中没有规定螺距和牙型角的公差，所以对这两个要素不必作精度控制。　　　　　　　　　　　　　　　　　　　　　　　　　　　　　　　　（　　）

1092. 一工件以孔定位，套在心轴上加工与孔有同轴度要求的外圆。孔的上偏差是0.06 mm，下偏差是0，心轴的上偏差是 -0.01 mm，下偏差是 -0.03 mm。要求同轴度为0.04 mm。其基准移位误差能够保证该同轴度要求。　　　　　　　　（　　）

1093. 一工件以外圆在 V 形块上定位加工圆柱上一个平面，平面的高度误差为0.05 mm，V 形块的角度是120°。工件直径上偏差是0.03 mm，下偏差是 -0.01 mm。工件在垂直于 V 形块底面方向的定位误差能满足加工精度要求。　　　　　（　　）

1094. 手铰铰削时，两手用力要均匀、平稳地旋转，不得有侧向压力。　（　　）

1095. 程序段 "N30 WHILE［#2 LE 10］DO1；…；N60 END1；" 表示如果#2 值小于或等于10，执行 N30 段后至 N60 之间的程序段（FANUC 系统）。　　　（　　）

1096. 轴杆类零件的毛坯一般采用铸造。　　　　　　　　　　　　　（　　）

1097. 装配图中同一零件的不同剖面的剖面线应该是方向不同或方向相同间距不同。　　　　　　　　　　　　　　　　　　　　　　　　　　　　（　　）

1098. 切削紫铜材料工件时，选用刀具材料应以 YT 硬质合金钢为主。　（　　）

1099. 宏程序段 "IF［#2 GT 6］GOTO 80；" 表示如果#2 值小于6，则程序跳转至N80 段（FANUC 系统）。　　　　　　　　　　　　　　　　　　　（　　）

1100. 子程序的编写方式必须是增量方式（FANUC 系统、华中系统）。　（　　）

1101. 在 R 参数的运算过程中，括号允许嵌套使用（SIEMENS 系统）。　（　　）

1102. 反正切函数的运算指令的格式为 Ri = ACOS(Rj)（SIEMENS 系统）。　（　　）

1103. 程序段 "N30 WHILE #2 LE 10；…；N60 ENDW；" 表示如果#2 中的值小于或等于10，将循环执行 N30 段后至 N60 之间的程序段（华中系统）。　　（　　）

1104. 内排屑深孔钻适于加工直径20 cm 以下的深孔。　　　　　　　（　　）

1105. 程序段 "GOTOF MARKE1；…；MARKE1：…；" 表示程序无条件向后跳转至 "MARKE1" 段（SIEMENS 系统）。　　　　　　　　　　　　　　（　　）

1106. 运算符 LE 的含义是小于或等于（FANUC 系统、华中系统）。　（　　）

1107. 采用半闭环伺服系统的数控机床需要丝杠螺距补偿。　　　　　（　　）

1108. 企业的发展与企业文化无关。　　　　　　　　　　　　　　　（　　）

1109. 在程序段 "G72 W(Δd) R(r) P(ns) Q(nf) X(Δx) Z(Δz) F(f) S(s) T(t)；" 中，Δx 表示 X 轴方向上的精加工余量（华中系统）。　　　　　　　　（　　）

1110. 采用实体模型技术的数控加工过程模拟可以检查刀具是否碰撞。　（　　）

1111. 车削梯形螺纹容易引起振动的主要原因是工件刚度差。　　　　（　　）

1112. 车细长轴时，应选择较低的切削速度。　　　　　　　　　　　（　　）

1113. 深孔钻削中出现孔尺寸超差的原因有钻头角度和位置不对、钻头引偏、进给量太大等。　　　　　　　　　　　　　　　　　　　　　　　　　（　　）

1114. 如果一个长轴的技术要求中圆度公差值与圆柱度公差值相同，在零件检测中如果圆度精度合格，那么圆柱度精度一定合格。　　　　　　　　　　（　　）

1115. 刃磨车削右旋丝杠的螺纹车刀时，刀具的左侧工作后角应大于右侧工作后角。　　　　　　　　　　　　　　　　　　　　　　　　　　　　（　　）

1116. 在选择定位基准时，尽量使其与工序基准重合，消除不重合所产生的误差。　　　　　　　　　　　　　　　　　　　　　　　　　　　　　　（　　）

1117. 使用涂层刀具可减少或取消切削液的使用。　　　　　　　　（　　）

1118. 测绘零件时需要了解该零件的作用。　　　　　　　　　　　（　　）

1119. 方程 $y^2 = 2px$（$p > 0$）是抛物线标准方程（FANUC 系统、华中系统）。

（　　）

1120. G74 深孔钻循环指令能自动完成反复进退钻削动作，适用于深孔钻削加工（FANUC 系统）。　　　　　　　　　　　　　　　　　　　　　　　（　　）

1121. 滚珠丝杠属于螺旋传动机构里的滑动螺旋机构。　　　　　　（　　）

1122. 指数函数的运算格式为#i = EXP[#j]（FANUC 系统、华中系统）。　（　　）

1123. CYCLE93 和 CYCLE95 指令都用于切槽和钻孔，只是切削的方向不同（SIEMENS 系统）。　　　　　　　　　　　　　　　　　　　　　　　（　　）

1124. 当实际生产中不宜选择设计基准作为定位基准时，则应选择因基准不重合而引起的误差最小的表面作定位基准。　　　　　　　　　　　　　　（　　）

1125. 配合公差的大小，等于相配合的孔轴公差之和。　　　　　　（　　）

1126. 配合公差的数值越小，则相互配合的孔、轴的尺寸精度等级越高。　（　　）

1127. G72 指令是端面粗加工复合循环指令，用于切除毛坯端面的大部分余量（华中系统）。　　　　　　　　　　　　　　　　　　　　　　　　（　　）

1128. 当 #1 = 5537.342，#2 = 5539.0 时，执行 IF［#1 GT #2］GOTO 100 的结果是转而执行行号为 N100 的程序段（FANUC 系统）。　　　　　　　　（　　）

1129. 涂层常用于硬质合金刀具，而不能用于高速钢刀具。　　　　（　　）

1130. 旋转使用的组合夹具要注意动平衡。　　　　　　　　　　　（　　）

1131. 车削多线螺纹必须考虑螺旋升角对车刀工作角度的影响。　　（　　）

1132. 钢材淬火时工件发生过热将降低钢的韧性。　　　　　　　　（　　）

1133. 采用浮动铰刀铰孔、圆拉刀拉孔以及用无心磨床磨削外圆表面等，都是以加工表面本身作为定位基准。　　　　　　　　　　　　　　　　　　　（　　）

1134. G76 指令可以完成复合螺纹切削循环加工（FANUC 系统）。　（　　）

1135. 车细长轴采用一夹一顶或两顶尖装夹时宜选用弹性顶尖。　　（　　）

1136. 如果连续的两个程序段中都有 G80 指令，则后一个程序段中的 G80 可以省略不写（华中系统）。　　　　　　　　　　　　　　　　　　　　　　（　　）

1137. 假设 R1 = 1.8，当执行取整运算指令 R2 = TRUNC（R1）时，是将值 2.0 赋给变量 R2（SIEMENS 系统）。　　　　　　　　　　　　　　　　　　　（　　）

1138. 在图纸的尺寸标注中 EQS 表示均布。　　　　　　　　　　　（　　）

1139. 通常将深度与直径之比大于 5 的孔，称为深孔。　　　　　　（　　）

1140. 交错齿内排屑深孔钻的前角一般为正角度。　　　　　　　　（　　）

1141. 宏程序段"N20 IF［#2 GT 6］;…; N70 ENDIF; N80…;"表示如果#2 中的值小于 6，则程序跳转至 N80 段（华中系统）。　　　　　　　　　　　（　　）

1142. 数控车床自动换刀的选刀和换刀用一个指令完成。　　　　　（　　）

1143. 液压系统的密封装置要求在磨损后在一定程度上能够自动补偿。　（　　）

1144. 接入局域网的数控机床必须有网络适配器。　　　　　　　　（　　）

1145. 交错齿内排屑深孔钻的顶角比较大，一般为 125°～140°。　　　　（　　）

1146. G80 X ＿ Z ＿ R ＿ F ＿ 指令中，R ＿为被加工锥面起点半径与终点半径之差（华中系统）。　　　　（　　）

1147. 不带有位置检测反馈装置的数控系统称为开环系统。　　　　（　　）

1148. 插齿加工齿轮的齿形不存在理论误差。　　　　（　　）

1149. 通过尺寸链计算可以求得封闭环或某一组成环的尺寸及公差。　　　　（　　）

1150. 定期检查、清洗润滑系统，添加或更换油脂油液，使丝杆、导轨等运动部件保持良好的润滑状态，目的是降低机械的磨损。　　　　（　　）

1151. 数控机床多次进刀车削螺纹时，每次开始切削时的轴向位置与进刀方法无关。　　　　（　　）

1152. N1 IF ［#2 LE 10］…中 LE 表示大于（FANUC 系统、华中系统）。　　　　（　　）

1153. 自然对数的运算指令的格式为 Ri = EXP(Rj)（SIEMENS 系统）。　　　　（　　）

1154. 使用弹性心轴可降低对定位孔孔径精度的要求。　　　　（　　）

1155. RS232C 接口传输数据最多可实现一台计算机对三台机床。　　　　（　　）

1156. CYCLE97 指令可以完成螺纹切削循环加工（SIEMENS 系统）。　　　　（　　）

1157. 球墨铸铁通过退火提高韧性和塑性。　　　　（　　）

1158. 机床电气控制线路必须有过载、短路、欠压、失压保护。　　　　（　　）

1159. 钨钛钴类刀具不适合用于切削高温合金。　　　　（　　）

1160. 开拓创新是企业生存和发展之本。　　　　（　　）

1161. 数控机床切削精度的检验可以分为单项切削精度的检验和加工一个标准的综合性试件切削精度的检验两类。　　　　（　　）

1162. 使用 G65 给局部变量赋值时，自变量地址 F 对应的变量号为#6（FANUC 系统）。　　　　（　　）

1163. 刀具磨损补偿值的设定方法之一是先测得误差值，然后将其输入到系统的刀具磨耗补偿单元中，系统就会将这个量累加到原先设定的补偿值中。　　　　（　　）

1164. 程序段 M98 P51 L2 的含义是连续调用子程序"O51"2 次（FANUC 系统、华中系统）。　　　　（　　）

1165. 在 FANUC 数控系统中系统都有子程序功能，并且子程序可以无限层嵌套（FANUC 系统、华中系统）。　　　　（　　）

1166. 加工材料硬的工件，应该选择较小主偏角，这样可以增大散热面积，增强刀具耐用度。　　　　（　　）

1167. 表达式"R1 = R2 + R3 ∗ SIN(R4)"的运算次序依次为 SIN(R4)，R3 ∗ SIN(R4)，R2 + R3 ∗ SIN(R4)（SIEMENS 系统）。　　　　（　　）

1168. G1$\frac{1}{2}$是牙型角 55°的锥管螺纹。　　　　（　　）

1169. 爱岗敬业是对从业人员工作态度的首要要求。　　　　（　　）

1170. 精加工循环指令 G70 应与粗加工循环指令 G71、G72、G73 配合使用才有效（FANUC 系统）。　　　　（　　）

1171. 反正弦的运算指令的格式为 Ri = ACOS(Rj)（SIEMENS 系统）。　　　　（　　）

1172. 如果程序中没有使用循环指令，那么加工循环传递参数可以自由使用（SIEMENS 系统）。 （　　）

1173. 尺寸链组成环中，由于该环增大而闭环随之减小的环称为减环。 （　　）

1174. 主轴误差包括径向跳动、轴向窜动、角度摆动等误差。 （　　）

1175. 直径为 $\phi20$ mm、深度为 50 mm 的孔是深孔。 （　　）

1176. 数控机床的主程序可以调用子程序，子程序还可调用另一个子程序（SIEMENS 系统）。 （　　）

1177. 用户宏程序中使用变量的程序段中不允许有常量尺寸字（FANUC 系统、华中系统）。 （　　）

1178. 工件以外圆定位，配车数控车床液压卡盘卡爪时，应在空载状态下进行。 （　　）

1179. 用过电流继电器作为小容量直流电动机保护时，可按直流电动机长期工作的额定电流来选择。 （　　）

1180. 程序段"G01 X24 Z –26 F[#9]；"表示刀具以#9 中指定的进给速度，直线切削至坐标点（24，–26）（FANUC 系统、华中系统）。 （　　）

1181. 机械夹固式车刀中偏心式刀片夹固方式不适用于间断、不平稳切削的加工场合。 （　　）

1182. 钢材淬火加热时工件发生过热或过烧，可以用正火予以纠正。 （　　）

1183. 深孔钻削时切削速度越小越好。 （　　）

1184. 考虑毛坯生产方式的经济性主要是毛坯的制造成本。 （　　）

1185. 优化数控加工程序是数控加工仿真系统的功能之一。 （　　）

1186. 钢的表面热处理主要方法有表面淬火和化学热处理。 （　　）

1187. 企业要优质高效应尽量避免采用开拓创新的方法，因为开拓创新风险过大。 （　　）

1188. 子程序可以被不同主程序多重调用（FANUC 系统、华中系统）。 （　　）

1189. 反正弦的运算指令的格式为#i = ACOS[#j]（FANUC 系统、华中系统）。 （　　）

1190. 在数控加工中"fixture"可翻译为夹具。 （　　）

1191. 偏心工件图样中，偏心距用字母"e"表示。 （　　）

1192. 职业用语要求：语言自然、语气亲切、语调柔和、语速适中、语言简练、语意明确。 （　　）

1193. 在主程序和子程序中传送数据必须使用公共变量（FANUC 系统）。 （　　）

1194. 普通车床的刀架移动与进给箱无关。 （　　）

1195. 在回火处理时，决定钢的组织和性能的主要因素是回火温度。 （　　）

1196. 程序段"G76 P(m) (r) (α) Q(Δd_min) R(D)；G76 X(U)＿ Z(W)＿R(i) P(k) Q(Δd) F(l)；"中，F(l) 表示的是进给速度（FANUC 系统）。 （　　）

1197. 封闭切削复合循环指令 G73 适合于加工铸造或锻造成型的工件（FANUC 系统）。 （　　）

1198. 执行"N10 #1 = 5；N20 #1 = #1 + 5；"后，变量#1 的值仍为 5（FANUC 系统、华中系统）。　　　　　　　　　　　　　　　　　　　　　　　　　（　　　）

1199. 产品零部件的互换性表现为：装配前不需作任何挑选，装配中不需任何加工，装配后满足使用性能的要求。　　　　　　　　　　　　　　　　　　（　　　）

1200. 在滚珠丝杠副轴向间隙的调整方法中，常用双螺母结构形式，其中以齿差调隙式调整最为精确方便。　　　　　　　　　　　　　　　　　　　　　（　　　）

1201. 装配图和零件图的作用不同，但是对尺寸标注的要求是一致的。（　　　）

1202. G74 和 G75 两者都用于切槽和钻孔，只是切削的方向不同（FANUC 系统）。
　　　　　　　　　　　　　　　　　　　　　　　　　　　　　　　　（　　　）

1203. 复合螺纹加工指令中的刀尖角度参数必须等于或小于螺纹的牙型角度。
　　　　　　　　　　　　　　　　　　　　　　　　　　　　　　　　（　　　）

1204. 圆锥凸轮可使从动杆沿倾斜导轨移动。　　　　　　　　　　　（　　　）

1205. 液压系统中的过滤器用于防止油液中的杂质进入器件，不能防止空气进入。
　　　　　　　　　　　　　　　　　　　　　　　　　　　　　　　　（　　　）

1206. CAD 中的 STL 格式适用于快速成型技术的数据格式。　　　　（　　　）

1207. 为了保证工件达到图样所规定的精度和技术要求，夹具上的定位基准与工件上的设计基准、测量基准应尽可能重合。　　　　　　　　　　　　　　（　　　）

1208. 子程序可以被不同主程序多重调用（SIEMENS 系统）。　　　（　　　）

1209. 程序段 G90 X __ Z __ F __中，X __ Z __指定的是本程序段运行结束时的终点坐标（FANUC 系统）。　　　　　　　　　　　　　　　　　　　　　（　　　）

1210. 当刀具少量磨损致使工件尺寸变化时，只需通过更改输入的刀具磨损补偿值，而不应该修改程序。　　　　　　　　　　　　　　　　　　　　　（　　　）

1211. 子程序可以无限层嵌套（SIEMENS 系统）。　　　　　　　　（　　　）

1212. 变量#14 对应的自变量地址为 J4（FANUC 系统）。　　　　　（　　　）

1213. 测绘装配体时，标准件不必绘制。　　　　　　　　　　　　　（　　　）

1214. 基孔制的孔是配合的基准件，称为基准孔，其代号为 K。　　（　　　）

1215. R 参数编程中，在有 R 参数的程序段中不允许有常量尺寸字（SIEMENS 系统）。　　　　　　　　　　　　　　　　　　　　　　　　　　　　　（　　　）

1216. 反余弦的运算指令的角度单位是度（SIEMENS 系统）。　　　（　　　）

1217. 如果连续的两个程序段中都有 G90 指令，则后一个程序段中的 G90 可以省略不写（FANUC 系统）。　　　　　　　　　　　　　　　　　　　　　（　　　）

1218. 基轴制的基准轴代号为 h。　　　　　　　　　　　　　　　　（　　　）

1219. 装配图中相邻两个零件的间隙非常小的非接触面可以用一条线表示。
　　　　　　　　　　　　　　　　　　　　　　　　　　　　　　　　（　　　）

1220. 一般情况下多以抗压强度作为判断金属强度高低的指标。　　（　　　）

1221. 液压系统常见故障有噪声、爬行、系统压力不足、油温过高。（　　　）

1222. 反正切函数的运算指令的格式为#i = ACOS[#j]（FANUC 系统、华中系统）。
　　　　　　　　　　　　　　　　　　　　　　　　　　　　　　　　（　　　）

1223. 滚珠丝杠属于螺旋传动机构。　　　　　　　　　　　　　　　　（　　）

1224. 采用硫化钨或硫化钼涂层的刀片容易产生积屑瘤。　　　　　　（　　）

1225. 锥管螺纹的小径等于锥管螺纹小端的外径。　　　　　　　　　（　　）

1226. 滚珠丝杠副的润滑油或润滑脂一般每半年需更换一次。　　　　（　　）

1227. 尺寸公差与形位公差之间的关系必须遵循独立原则和相关原则。相关原则包括最大实体原则和包容原则。　　　　　　　　　　　　　　　　　　（　　）

1228. 车削表面出现明显的、有规律的振纹是自激振动所致。　　　　（　　）

1229. 计算机辅助编程生成的刀具轨迹就是数控加工程序。　　　　　（　　）

1230. 当 #1 = 5 537.342，#2 = 5 539.0 时，条件表达式 IF［#1 GT #2］的结果成立（华中系统）。　　　　　　　　　　　　　　　　　　　　　　　　（　　）

1231. 车削零件的表面粗糙度与刀尖半径值无关。　　　　　　　　　（　　）

1232. 开环进给伺服系统的数控机床，其定位精度主要取决于伺服驱动元件和机床传动机构的精度、刚度和动态特性。　　　　　　　　　　　　　　　　（　　）

1233. 在程序段 G74 X60 Z – 100 P5 Q20 F0.2 中，20 表示 Z 轴方向上的间断切削长度（FANUC 系统）。　　　　　　　　　　　　　　　　　　　　　（　　）

1234. 平方根的运算指令格式为 Ri = SQRT(Rj)（SIEMENS 系统）。　　（　　）

1235. G41 表示刀具半径右补偿，G42 表示刀具半径左补偿。　　　　（　　）

1236. G34 X(U)__ Z(W)__ F__ K__ ；是加工变螺距螺纹的指令，其中 F 是基本螺距，K 是每转螺距增加值。　　　　　　　　　　　　　　　　　　　（　　）

1237. G71 内外圆粗加工循环中，每次切削的路线与其精加工路线完全相同（华中系统）。　　　　　　　　　　　　　　　　　　　　　　　　　　（　　）

1238. G71 内外圆粗加工循环能够在一次循环中完成工件内外圆表面的粗加工、半精加工和精加工（华中系统）。　　　　　　　　　　　　　　　　　（　　）

1239. 中温回火加热温度为 100 ~ 150℃。　　　　　　　　　　　　（　　）

1240. 为减少工件热变形对加工精度的影响，常采用切削液冷却切削区的方法。
　　　　　　　　　　　　　　　　　　　　　　　　　　　　　　（　　）

1241. 车一对互配的内外螺纹，配好后螺母掉头却拧不进，分析原因是由于内外螺纹的牙型角都倾斜而造成的。　　　　　　　　　　　　　　　　　（　　）

1242. 可转位车刀的中心高需要操作者在刀杆下用垫片调整。　　　　（　　）

1243. 计算机辅助编程中的安全平面是刀具回退的高度。　　　　　　（　　）

1244. 职业道德是人们在从事职业的过程中形成的一种内在的、非强制性的约束机制。　　　　　　　　　　　　　　　　　　　　　　　　　　　　　（　　）

1245. 表面粗糙度高度参数 Ra 值越大，表示表面粗糙度要求越高；Ra 值越小，表示表面粗糙度要求越低。　　　　　　　　　　　　　　　　　　　　（　　）

1246. 宏程序结束返回主程序要用 M00 指令（FANUC 系统）。　　　（　　）

1247. 可编程序控制器以串行方式工作是为了加快执行速度。　　　　（　　）

1248. 职业道德活动中做到表情冷漠、严肃待客是符合职业道德规范要求的。
　　　　　　　　　　　　　　　　　　　　　　　　　　　　　　（　　）

1249. 切削液的润滑作用是指改善工件材料和切削刀具之间的摩擦因数。　　（　　）

1250. G71、G72、G73 指令均为多重复合循环指令（华中系统）。　　（　　）

1251. 工件材料越硬，选用的砂轮硬度也要越高。　　（　　）

1252. 车削非单调外圆轮廓，必须确认刀具的副偏角角度是否合适。　　（　　）

1253. 当液压系统的油温升高时，油液黏度增大；油温降低时，油液黏度减小。

（　　）

1254. G71、G72、G73 指令均为多重复合循环指令（FANUC 系统）。　　（　　）

1255. 车削精度要求高的槽，采用与槽宽相等的割刀，直进直出车削槽质量好。

（　　）

1256. Ry 参数对某些表面上不允许出现较深的加工痕迹和小零件的表面质量有实用意义。　　（　　）

1257. 假设 R2 = 2.2，当执行 R3 = TRUNC［R2］时，是将值 2.0 赋给变量 R3（SIEMENS 系统）。　　（　　）

1258. 选择零件材料首先要考虑其使用性能。　　（　　）

1259. 曲轴的功能是实现往复运动和旋转运动间转换。　　（　　）

1260. 锥管螺纹的基准距离等于螺纹的完整长度。　　（　　）

1261. 千分表的传动机构中传动的级数要比百分表多，因而放大比更大，测量精度也更高。　　（　　）

1262. 影响数控机床加工精度的因素不仅有机床和刀具的原因，还有工件与夹具的原因，因此对加工误差的产生要进行综合分析。　　（　　）

1263. 零件图的明细栏填写序号应该从下往上，由大到小填写。　　（　　）

1264. 三针测量梯形螺纹中径，千分尺读数值 M 的计算公式为：$M = d_2 + 4.864d_D - 1.866P$。　　（　　）

1265. 具有竞争意识而没有团队合作精神的员工往往更容易获得成功的机会。

（　　）

1266. 更换了刀具必须重新对刀。　　（　　）

1267. 机床导轨制造和装配精度是影响机床直线运动精度的主要因素。　　（　　）

1268. 基准不重合误差是夹具制造误差、机床误差和调整误差等综合产生的误差。

（　　）

1269. 半精加工阶段的任务是切除大部分的加工余量，提高生产率。　　（　　）

1270. 更换相同规格的车刀不需要设置补偿参数。　　（　　）

1271. 自然对数的运算指令的格式为#i = EXP［#j］（FANUC 系统、华中系统）。

（　　）

1272. 单步运行常在程序开始执行时使用。　　（　　）

1273. 刀具耐用度随着切削速度的提高而增加。　　（　　）

1274. 能够用于自动计算体积、质量的模型是面模型。　　（　　）

1275. 如果数控机床主轴轴向窜动超过公差，那么切削时会产生较大的振动。

（　　）

1276. 车削零件的表面粗糙度与刀尖半径值和进给速度、主轴转速相关。（　　）

1277. "N1 IF R2 < 10 GOTOB MARKE3；"中，"<"表示大于（SIEMENS 系统）。（　　）

1278. 由组成环和封闭环组成的尺寸链是一个封闭的链。（　　）

1279. 检验机床的几何精度合格，说明机床的切削精度也合格。（　　）

1280. 职业道德体现的是职业对社会所负的道德责任与义务。（　　）

1281. 循环语句"WHILE［条件表达式］"中，条件表达式的赋值一定是常量（华中系统）。（　　）

1282. G65 调用宏程序指令中自变量的符号可以由操作者自行规定（FANUC 系统）。（　　）

1283. 可以用标准量块校对百分表。（　　）

1284. 从业者要遵守国家法纪，但不必遵守安全操作规程。（　　）

1285. 划分加工阶段可以合理使用机床设备，粗加工可采用功率大、精度一般的机床设备，精加工用相应精密机床设备，这样能发挥机床的性能特点。（　　）

1286. 计算机辅助编程系统能够根据零件几何模型自动生成加工程序。（　　）

1287. 喷吸钻为多刃错齿结构。（　　）

1288. 超声波加工可用于不导电的非金属材料的加工。（　　）

1289. 异步电动机在正常运转时，转速为同步转速。（　　）

1290. 规定螺纹中径的下偏差是为了保证螺纹能顺利旋合。（　　）

1291. 三针测量梯形螺纹中径计算公式中，"d_D"表示梯形螺纹中径。（　　）

1292. 执行"N10 R1 = 5；N20 R1 = R1 + 5；"后，参数 R1 的值为仍为 5（SIEMENS 系统）。（　　）

1293. 为了防止零件变形，粗、精加工时可以采用不同的夹紧力。（　　）

1294. 变量号#0 的值总是空，不能赋值改变该变量的值（FANUC 系统、华中系统）。（　　）

1295. 位置精度是数控机床特有的机床精度指标。（　　）

1296. 计算机辅助设计中的几何模型是实体零件的数字化描述。（　　）

1297. 黏度小的液压油工作压力小。（　　）

1298. 切削加工中，一般先加工出基准面，再以它为基准加工其他表面。（　　）

1299. 职业道德对企业起到增强竞争力的作用。（　　）

1300. 如图所示，刀尖半径补偿方向是 G41。（　　）

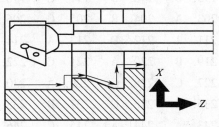

练习题答案

一、单项选择题

1. C	2. D	3. A	4. A	5. A	6. D	7. B	8. C
9. B	10. A	11. D	12. C	13. D	14. C	15. B	16. D
17. C	18. D	19. B	20. B	21. B	22. C	23. A	24. C
25. D	26. A	27. A	28. C	29. B	30. C	31. C	32. C
33. B	34. C	35. B	36. A	37. B	38. A	39. C	40. A
41. B	42. B	43. A	44. B	45. D	46. C	47. A	48. D
49. A	50. C	51. D	52. B	53. D	54. B	55. A	56. D
57. C	58. C	59. C	60. D	61. C	62. B	63. D	64. B
65. D	66. A	67. C	68. C	69. B	70. D	71. C	72. A
73. C	74. C	75. B	76. A	77. A	78. D	79. A	80. D
81. C	82. D	83. C	84. D	85. B	86. A	87. A	88. B
89. A	90. B	91. C	92. B	93. B	94. C	95. D	96. C
97. B	98. B	99. C	100. C	101. C	102. A	103. C	104. B
105. D	106. A	107. B	108. C	109. A	110. D	111. A	112. A
113. B	114. C	115. D	116. C	117. B	118. D	119. A	120. D
121. D	122. A	123. C	124. B	125. C	126. A	127. C	128. D
129. D	130. C	131. A	132. D	133. D	134. B	135. B	136. A
137. B	138. A	139. B	140. B	141. A	142. C	143. C	144. C
145. B	146. A	147. B	148. D	149. C	150. D	151. C	152. C
153. A	154. B	155. C	156. B	157. B	158. D	159. D	160. A
161. D	162. C	163. B	164. B	165. C	166. A	167. D	168. C
169. B	170. C	171. B	172. D	173. C	174. C	175. C	176. D
177. C	178. D	179. A	180. D	181. C	182. B	183. B	184. B
185. C	186. D	187. A	188. A	189. B	190. C	191. B	192. B
193. D	194. C	195. B	196. B	197. C	198. D	199. C	200. C
201. C	202. D	203. A	204. B	205. C	206. A	207. A	208. D
209. C	210. C	211. A	212. D	213. A	214. C	215. A	216. A
217. A	218. D	219. B	220. A	221. C	222. A	223. C	224. D
225. A	226. B	227. C	228. C	229. A	230. D	231. D	232. C
233. B	234. C	235. B	236. C	237. B	238. C	239. D	240. C
241. C	242. D	243. A	244. A	245. C	246. C	247. C	248. B
249. D	250. B	251. D	252. B	253. A	254. D	255. A	256. B

257. C	258. A	259. D	260. B	261. D	262. B	263. B	264. C
265. B	266. D	267. A	268. C	269. A	270. B	271. C	272. B
273. B	274. C	275. A	276. A	277. B	278. C	279. A	280. D
281. B	282. A	283. B	284. B	285. B	286. C	287. D	288. D
289. A	290. A	291. C	292. A	293. C	294. B	295. C	296. A
297. A	298. B	299. C	300. B	301. D	302. B	303. C	304. D
305. C	306. C	307. D	308. A	309. B	310. A	311. C	312. A
313. D	314. D	315. B	316. C	317. D	318. C	319. D	320. A
321. B	322. C	323. C	324. B	325. A	326. D	327. C	328. C
329. A	330. B	331. D	332. C	333. C	334. A	335. B	336. D
337. A	338. B	339. D	340. B	341. C	342. A	343. C	344. D
345. C	346. C	347. C	348. C	349. C	350. C	351. B	352. D
353. C	354. A	355. B	356. D	357. D	358. C	359. C	360. B
361. A	362. B	363. D	364. A	365. B	366. B	367. D	368. D
369. B	370. B	371. D	372. A	373. C	374. A	375. C	376. B
377. A	378. C	379. D	380. C	381. A	382. C	383. B	384. D
385. B	386. D	387. C	388. B	389. A	390. B	391. D	392. A
393. D	394. C	395. B	396. A	397. B	398. B	399. D	400. D
401. B	402. C	403. B	404. B	405. D	406. D	407. D	408. A
409. C	410. A	411. C	412. D	413. B	414. D	415. B	416. B
417. C	418. B	419. C	420. A	421. A	422. B	423. D	424. C
425. B	426. C	427. A	428. C	429. B	430. B	431. A	432. D
433. C	434. D	435. A	436. D	437. B	438. A	439. A	440. D
441. D	442. A	443. B	444. C	445. D	446. B	447. B	448. B
449. C	450. D	451. C	452. D	453. C	454. A	455. A	456. C
457. D	458. C	459. C	460. A	461. C	462. A	463. C	464. B
465. C	466. B	467. D	468. D	469. B	470. B	471. D	472. B
473. D	474. B	475. C	476. B	477. C	478. C	479. A	480. C
481. A	482. C	483. C	484. C	485. B	486. A	487. B	488. A
489. A	490. C	491. D	492. A	493. C	494. B	495. C	496. A
497. C	498. D	499. C	500. C	501. A	502. B	503. B	504. A
505. A	506. A	507. B	508. B	509. D	510. D	511. C	512. B
513. C	514. B	515. D	516. B	517. A	518. C	519. A	520. A
521. C	522. D	523. D	524. C	525. A	526. D	527. B	528. B
529. B	530. B	531. B	532. D	533. C	534. D	535. C	536. D
537. A	538. C	539. B	540. B	541. B	542. B	543. A	544. A
545. C	546. A	547. A	548. B	549. B	550. D	551. D	552. C
553. A	554. C	555. B	556. C	557. D	558. B	559. D	560. B

561. B　562. C　563. A　564. C　565. B　566. D　567. B　568. B

569. B　570. B　571. C　572. C　573. B　574. B　575. C　576. C

577. A　578. C　579. B　580. A　581. D　582. B　583. A　584. B

585. A　586. C　587. B　588. A　589. D　590. B　591. B　592. A

593. D　594. B　595. B　596. D　597. B　598. D　599. A　600. A

二、多项选择题

601. ABDE　602. BE　603. AC　604. BE　605. ABDE

606. ABDE　607. ABE　608. ABDE　609. ABCDE　610. BCDE

611. AC　612. ABE　613. ABCDE　614. BCD　615. ABCDE

616. BCE　617. BC　618. ABC　619. BD　620. DE

621. CD　622. CD　623. ACE　624. AD　625. BCD

626. ABCE　627. BE　628. ABDE　629. AE　630. AB

631. ABCD　632. ABCDE　633. ABD　634. ABDE　635. AB

636. AD　637. ABC　638. AC　639. AB　640. ABE

641. ABD　642. ABD　643. ABCD　644. AB　645. ABDE

646. ABCDE　647. ABCDE　648. AB　649. ABC　650. BCE

651. AC　652. BCD　653. BC　654. ABCDE　655. AD

656. BDE　657. BCDE　658. CD　659. BDE　660. ABC

661. ABE　662. ACE　663. ABCDE　664. AC　665. ABCDE

666. ABCE　667. ABCDE　668. BC　669. CDE　670. AB

671. ABCDE　672. ACD　673. BCD　674. ABDE　675. BCE

676. BE　677. ACE　678. BDE　679. AE　680. ACDE

681. CDE　682. ACD　683. ACDE　684. ABDE　685. ABDE

686. AC　687. ADE　688. ACDE　689. AC　690. ABDE

691. ACDE　692. ABC　693. ACD　694. BC　695. ABCDE

696. BCD　697. BCDE　698. AD　699. AB　700. ABD

701. ABC　702. CDE　703. BC　704. BDE　705. ABC

706. BC　707. ADE　708. ABCDE　709. AC　710. BCDE

711. ACE　712. ABCE　713. ACE　714. DE　715. DE

716. ABC　717. AB　718. AC　719. BCE　720. ABDE

721. ABE　722. ABCDE　723. ABE　724. BCD　725. BC

726. ABCE　727. ACD　728. CDE　729. ABCDE　730. ABC

731. DE　732. ABC　733. AE　734. BCE　735. ACD

736. CDE　737. DE　738. AE　739. ABC　740. AD

741. ABD　742. ACD　743. ABDE　744. BCD　745. BCE

746. ABDE　747. BC　748. BC　749. BCDE　750. DE

751. ACD　752. CD　753. ABCDE　754. BCD　755. AE

756. ACD　757. ACE　758. ACD　759. ABCD　760. BCDE

761. BCDE	762. AE	763. CDE	764. ADE	765. ACDE
766. ABC	767. ABC	768. ACE	769. CDE	770. ABCD
771. ABCDE	772. AE	773. ACE	774. ABCD	775. ABD
776. ABCD	777. BDE	778. ABCD	779. BCDE	780. BCDE
781. ABC	782. ABC	783. ABCD	784. ABC	785. ABCDE
786. ABD	787. AE	788. AC	789. AB	790. ABCDE
791. BCDE	792. BCE	793. CD	794. ABCE	795. ACD
796. ACDE	797. BE	798. BCD	799. ACD	800. BE
801. ABCD	802. ABC	803. ABC	804. ABC	805. ABCE
806. BD	807. ABCD	808. BCD	809. ADE	810. CDE
811. ABE	812. AD	813. BC	814. ABC	815. ABCDE
816. BD	817. BCDE	818. DE	819. BE	820. ABE
821. ABCD	822. BDE	823. ABCD	824. CDE	825. CDE
826. ABC	827. ACDE	828. AB	829. AD	830. AB
831. BCD	832. ABE	833. DE	834. AB	835. ABE
836. AC	837. ABCDE	838. AB	839. ACE	840. BC
841. ABCD	842. BCDE	843. ABCD	844. ABC	845. ABCD
846. ADE	847. BC	848. ABE	849. ADE	850. ABCDE
851. BCD	852. ABCDE	853. BDCE	854. ABCE	855. ABCE
856. ABDE	857. ABCDE	858. ABDE	859. ACD	860. AB
861. ABDE	862. AE	863. CD	864. ADE	865. ABE
866. ABCDE	867. AD	868. ABE	869. ABE	870. BCDE
871. ABCE	872. AB	873. CD	874. DE	875. ABCD
876. AD	877. ABE	878. ABDE	879. BC	880. BC
881. ACDE	882. ACD	883. ABCE	884. ABCD	885. AC
886. CE	887. ABE	888. BCE	889. BDE	890. ACE
891. BCD	892. ABC	893. BCD	894. AC	895. AE
896. ABDE	897. ABC	898. ABCD	899. ABCE	900. BE
901. ACDE	902. ABCE	903. BD	904. AB	905. ABCE
906. BCD	907. ABCD	908. BD	909. AC	910. ABD
911. BDE	912. AB	913. AD	914. BCDE	915. ABCD
916. ABE	917. CD	918. ABCD	919. ABC	920. BE
921. ABCDE	922. ABE	923. ABCD	924. ADE	925. DE
926. BCDE	927. ABCD	928. ABCD	929. ABDE	930. AC
931. AB	932. ABCD	933. ABC	934. ABCD	935. AD
936. ABCD	937. ABC	938. ABCD	939. ACD	940. ABC
941. AD	942. CDE	943. ACE	944. BD	945. DE
946. ABC	947. BD	948. BDE	949. CDE	950. BCD

三、判断题

951. √	952. √	953. ×	954. √	955. √	956. √
957. ×	958. √	959. ×	960. √	961. ×	962. √
963. √	964. ×	965. ×	966. √	967. ×	968. √
969. √	970. ×	971. ×	972. √	973. √	974. ×
975. √	976. √	977. ×	978. ×	979. √	980. √
981. ×	982. √	983. ×	984. ×	985. ×	986. √
987. √	988. √	989. ×	990. ×	991. √	992. √
993. ×	994. √	995. √	996. √	997. √	998. √
999. ×	1000. ×	1001. √	1002. √	1003. √	1004. √
1005. ×	1006. √	1007. √	1008. √	1009. ×	1010. ×
1011. ×	1012. ×	1013. √	1014. √	1015. √	1016. √
1017. √	1018. √	1019. √	1020. ×	1021. √	1022. √
1023. ×	1024. √	1025. ×	1026. √	1027. √	1028. ×
1029. ×	1030. ×	1031. √	1032. √	1033. ×	1034. √
1035. ×	1036. √	1037. √	1038. √	1039. ×	1040. √
1041. √	1042. ×	1043. √	1044. √	1045. ×	1046. √
1047. √	1048. √	1049. √	1050. √	1051. ×	1052. √
1053. √	1054. ×	1055. √	1056. √	1057. √	1058. √
1059. ×	1060. ×	1061. ×	1062. √	1063. √	1064. √
1065. √	1066. √	1067. √	1068. √	1069. ×	1070. ×
1071. ×	1072. √	1073. ×	1074. √	1075. √	1076. √
1077. ×	1078. ×	1079. √	1080. √	1081. √	1082. √
1083. ×	1084. ×	1085. ×	1086. √	1087. ×	1088. √
1089. √	1090. √	1091. √	1092. ×	1093. √	1094. √
1095. √	1096. ×	1097. √	1098. ×	1099. ×	1100. ×
1101. √	1102. ×	1103. √	1104. ×	1105. ×	1106. √
1107. √	1108. ×	1109. √	1110. √	1111. ×	1112. √
1113. √	1114. ×	1115. √	1116. √	1117. √	1118. √
1119. √	1120. √	1121. ×	1122. √	1123. ×	1124. √
1125. √	1126. √	1127. √	1128. ×	1129. ×	1130. √
1131. √	1132. √	1133. √	1134. √	1135. √	1136. √
1137. √	1138. √	1139. √	1140. ×	1141. √	1142. √
1143. √	1144. √	1145. √	1146. √	1147. √	1148. √
1149. √	1150. √	1151. ×	1152. ×	1153. ×	1154. √
1155. ×	1156. √	1157. √	1158. √	1159. √	1160. √
1161. √	1162. ×	1163. √	1164. √	1165. ×	1166. √
1167. √	1168. ×	1169. √	1170. √	1171. ×	1172. √

1173. √	1174. √	1175. ×	1176. √	1177. ×	1178. ×
1179. √	1180. √	1181. √	1182. ×	1183. ×	1184. ×
1185. √	1186. √	1187. ×	1188. √	1189. ×	1190. √
1191. √	1192. √	1193. √	1194. ×	1195. √	1196. ×
1197. √	1198. ×	1199. √	1200. √	1201. ×	1202. √
1203. √	1204. √	1205. √	1206. √	1207. √	1208. √
1209. ×	1210. √	1211. ×	1212. √	1213. √	1214. ×
1215. ×	1216. √	1217. √	1218. √	1219. ×	1220. ×
1221. √	1222. ×	1223. √	1224. ×	1225. ×	1226. √
1227. √	1228. √	1229. ×	1230. √	1231. ×	1232. √
1233. √	1234. √	1235. ×	1236. √	1237. ×	1238. ×
1239. ×	1240. √	1241. √	1242. ×	1243. √	1244. √
1245. ×	1246. ×	1247. ×	1248. ×	1249. √	1250. √
1251. ×	1252. √	1253. ×	1254. √	1255. ×	1256. √
1257. √	1258. √	1259. √	1260. ×	1261. √	1262. √
1263. ×	1264. √	1265. √	1266. √	1267. √	1268. ×
1269. ×	1270. ×	1271. ×	1272. √	1273. ×	1274. ×
1275. √	1276. √	1277. ×	1278. √	1279. ×	1280. √
1281. ×	1282. ×	1283. √	1284. ×	1285. √	1286. ×
1287. √	1288. √	1289. √	1290. ×	1291. ×	1292. ×
1293. √	1294. √	1295. √	1296. √	1297. √	1298. √
1299. √	1300. √				

理论知识考试模拟试卷（一）

一、单项选择题（第1题~第120题。选择一个正确的答案，将相应的字母填入题内的括号中。每题0.5分，满分60分。）

1. 道德和法律是（　　）。
   A. 互不相干
   B. 相辅相成、相互促进
   C. 相互矛盾和冲突
   D. 法律涵盖了道德

2. 职业道德不体现（　　）。
   A. 从业者对所从事职业的态度
   B. 从业者的工资收入
   C. 从业者的价值观
   D. 从业者的道德观

3. 关于企业文化，你认为正确的是（　　）。
   A. 企业文化是企业管理的重要因素
   B. 企业文化是企业的外在表现
   C. 企业文化产生于改革开放过程中的中国
   D. 企业文化建设的核心内容是文娱和体育活动

4. （　　）是职业道德修养的前提。
   A. 学习先进人物的优秀品质
   B. 确立正确的人生观
   C. 培养自己良好的行为习惯
   D. 增强自律性

5. 遵守法律法规不要求（　　）。
   A. 遵守国家法律和政策
   B. 遵守安全操作规程
   C. 加强劳动协作
   D. 遵守操作程序

6. 敬业就是以一种严肃认真的态度对待工作，下列不符合的是（　　）。
   A. 工作勤奋努力
   B. 工作精益求精
   C. 工作以自我为中心
   D. 工作尽心尽力

7. 安全文化的核心是树立（　　）的价值观念，真正做到"安全第一，预防为主"。
   A. 以产品质量为主
   B. 以经济效益为主
   C. 以人为本
   D. 以管理为主

8. 职业活动中，对客人做到（　　）符合语言规范的要求。
   A. 言语细致，反复介绍
   B. 语速快，不浪费客人时间
   C. 用尊称，不用忌语
   D. 语气严肃，维护自尊

9. "feed per revolution =0.3 mm"的含义是（　　）。
   A. 每分钟进给0.3 mm
   B. 每齿切削厚度0.3 mm
   C. 每转进给0.3 mm
   D. 每秒进给0.3 mm

10. 只能用于两平行轴之间的传动方式是（　　）。
    A. 链传动
    B. 齿轮传动
    C. 蜗杆传动
    D. 带传动

11. 平面连杆机构的缺点除了设计复杂外，主要还有（   ）。
    A. 制造困难　　　　　　　　　　B. 接触部位容易磨损
    C. 不易精确实现复杂的运动规律　　D. 不适于传递大的动力

12. 普通车床调整径向进刀量通过转动（   ）实现。
    A. 进给箱上的操纵手柄　　　　　　B. 溜板箱上的手轮
    C. 中溜板上的手柄　　　　　　　　D. 小溜板上的手柄

13. （   ）用于电力系统发生故障时迅速可靠地切断电源。
    A. 继电器　　　B. 熔断器　　　C. 接触器　　　D. 变压器

14. 选择毛坯生产方式的原则首先是（   ）。
    A. 考虑经济性　　　　　　　　　　B. 是否有良好的工艺性
    C. 保证使用性能　　　　　　　　　D. 生产可行性

15. 液压传动中工作压力取决于（   ）。
    A. 液压泵　　　B. 液压缸　　　C. 外负载　　　D. 油液的黏度

16. 定量泵系统中，液压泵的供油压力通过（   ）来调节。
    A. 安全阀　　　B. 溢流阀　　　C. 减压阀　　　D. 节流阀

17. 偏心轴零件图采用一个（   ）、一个左视图和轴肩槽放大的表达方法。
    A. 局部视图　　B. 俯视图　　　C. 主视图　　　D. 剖面图

18. 下列零件中（   ）的工件适于在数控机床上加工。
    A. 粗加工　　　　　　　　　　　　B. 普通机床难加工
    C. 毛坯余量不稳定　　　　　　　　D. 批量大

19. 对工厂同类型零件的资料进行分析比较，根据经验确定加工余量的方法，称为（   ）。
    A. 查表修正法　　　　　　　　　　B. 经验估算法
    C. 实践操作法　　　　　　　　　　D. 平均分配法

20. 数控车床用径向较大的夹具时，采用（   ）与车床主轴连接。
    A. 锥柄　　　　B. 过渡盘　　　C. 外圆　　　　D. 拉杆

21. 夹紧力的方向应尽量（   ）于工件的主要定位基准面。
    A. 垂直　　　　B. 平行同向　　C. 倾斜指向　　D. 平行反向

22. 设计夹具时，定位元件的公差约等于工件公差的（   ）。
    A. 1/2 左右　　B. 2 倍　　　　C. 1/3 左右　　D. 3 倍

23. 工件以外圆定位，放在 V 形铁中，则此时工件在（   ）无定位误差。
    A. 工件外圆轴线平行方向　　　　　B. 工件外圆轴线垂直方向
    C. 加工方向　　　　　　　　　　　D. 旋转方向

24. 聚晶金刚石刀具只用于加工（   ）材料。
    A. 铸铁　　　　B. 碳素钢　　　C. 合金钢　　　D. 有色金属

25. 华中数控车系统中 G80 是（   ）指令。
    A. 增量编程　　　　　　　　　　　B. 圆柱或圆锥面车削循环
    C. 螺纹车削循环　　　　　　　　　D. 端面车削循环

26. G81 循环切削过程按顺序分为四个步骤，其中第（　　）步是按进给速度进给（华中系统）。

  A. 一、二   B. 二、三   C. 三、四   D. 一、四

27. 复合循环指令"G71 U(Δd) R(r) P(ns) Q(nf) X(Δx) Z(Δz)；"中的 Δd 表示（　　）（华中系统）。

  A. 总余量   B. X 方向精加工余量

  C. 单边吃刀深度   D. 退刀量

28. 在"G72 W(Δd) R(r) P(ns) Q(nf) X(Δx) Z(Δz) F(f) S(s) T(t)；"程序格式中，（　　）表示精加工路径的第一个程序段顺序号（华中系统）。

  A. Δz B. ns C. Δx D. nf

29. 程序段"G73 U(Δi) W(Δk) R(r) P(ns) Q(nf) X(Δx) Z(Δz) F(f) S(s) T(t)；"中，（　　）表示 X 轴方向上的精加工余量（华中系统）。

  A. Δz B. Δx C. ns D. nf

30. G76 指令主要用于（　　）的加工，以简化编程（华中系统）。

  A. 切槽   B. 钻孔   C. 端面   D. 螺纹

31. 下面指令中，（　　）是切槽循环指令（SIEMENS 系统）。

  A. CYCLE93 B. CYCLE95 C. CYCLE96 D. CYCLE97

32. 程序段 N20 CYCLE95（"KONTUR"，5，1.2，0.6，，0.2，0.1，0.2，9，，0.5）中，KONTUR 为（　　）（SIEMENS 系统）。

  A. 加工类型   B. X 方向精加工余量

  C. 轮廓子程序名   D. 进给速度

33. CYCLE97 指令主要用于（　　）的加工，以简化编程（SIEMENS 系统）。

  A. 切槽   B. 钻孔   C. 端面   D. 螺纹

34. 下列 R 参数在程序中的表达方式书写错误的是（　　）（SIEMENS 系统）。

  A. Z = R15 + 20   B. R5 = R1 − R3

  C. SIN(R13)   D. 20 = R11

35. R 参数编程是指所编写的程序中含有（　　）（SIEMENS 系统）。

  A. 子程序 B. R 变量参数 C. 循环程序 D. 常量

36. R 参数可以分成三类，其中（　　）可以在程序中自由使用（SIEMENS 系统）。

  A. 加工循环传递参数   B. 加工循环内部计算参数

  C. 自由参数   D. 系统参数

37. 在运算指令中，形式为 Ri = COS(Rj) 的函数表示的意义是（　　）（SIEMENS 系统）。

  A. 正弦   B. 余弦   C. 反正弦   D. 反余弦

38. 在运算指令中，形式为 Ri = SIN(Rj) 的函数表示的意义是（　　）（SIEMENS 系统）。

  A. 圆弧度   B. 立方根   C. 合并   D. 正弦

39. 在运算指令中，形式为 Ri = ATAN2(Rj) 的函数表示的意义是（　　）（SIE-MENS 系统）。

    A. 余切　　　　B. 反正切　　　　C. 切线　　　　D. 反余切

40. 在运算指令中，形式为 Ri = SQRT(Rj) 的函数表示的意义是（　　）（SIE-MENS 系统）。

    A. 矩阵　　　　B. 数列　　　　C. 平方根　　　　D. 条件求和

41. 在运算指令中，形式为 Ri = LN(Rj) 的函数表示的意义是（　　）（SIEMENS 系统）。

    A. 离心率　　　　　　　　B. 自然对数

    C. 轴距　　　　　　　　　D. 螺旋轴弯曲度

42. 在运算指令中，形式为#i = SIGN[#j] 的函数表示的意义是（　　）（华中系统）。

    A. 自然对数　　B. 取符号　　　　C. 指数　　　　D. 取整

43. 在宏程序变量表达式中运算次序优先的为（　　）（SIEMENS 系统）。

    A. 乘和除运算　　　　　　B. 括号内的运算

    C. 函数　　　　　　　　　D. 加和减

44. IF…；…；ENDIF；是（　　）（华中系统）。

    A. 赋值语句　　　　　　　B. 条件判别语句

    C. 循环语句　　　　　　　D. 无条件转移语句

45. IF R1 > R2 GOTOF LABEL1；…；LABEL1：…；是（　　）（SIEMENS 系统）。

    A. 赋值语句　　　　　　　B. 条件跳转语句

    C. 循环语句　　　　　　　D. 无条件跳转语句

46. WHILE…；…；ENDW；是（　　）（华中系统）。

    A. 赋值语句　　　　　　　B. 条件判别语句

    C. 循环语句　　　　　　　D. 无条件转移语句

47. 宏指令的比较运算符中 " = ="表示（　　）（SIEMENS 系统）。

    A. 等于　　　　B. 不等于　　　　C. 小于　　　　D. 大于

48. 宏程序中大于或等于的运算符为（　　）（SIEMENS 系统）。

    A. = =　　　　B. <　　　　C. < >　　　　D. > =

49. 表示小于的关系运算符是（　　）（SIEMENS 系统）。

    A. = =　　　　B. <　　　　C. < >　　　　D. > =

50. 下面的宏变量中（　　）是当前局部变量（华中系统）。

    A. #1　　　　B. #100　　　　C. #200　　　　D. #300

51. 若 R4、R6 表示的是加工点的 X、Z 坐标，则描述其 X 和 Z 向运动关系的宏程序段 "R6 = [R1/R2] * SQRT{R2 * R2 − R4 * R4} ;"所描述的加工路线是（　　）（SIEMENS 系统）。

    A. 圆弧　　　　B. 椭圆　　　　C. 抛物线　　　　D. 双曲线

52. 把模拟加工的工件与 CAD 模型比较，要使用（　　）。

    A. 数控系统的图形显示　　　　B. CAM 软件中的加工模拟

C. 数控仿真软件　　　　　　　　　D. 数控加工操作仿真软件

53. 系统面板上"OFFSET"键的功能是（　　）量设定与显示。

    A. 补偿　　　　B. 加工余　　　　C. 偏置　　　　D. 总余

54. 用空运行功能检查程序，除了可快速检查程序是否能正常执行，还可以检查（　　）。

    A. 运动轨迹是否超程　　　　　　B. 加工轨迹是否正确

    C. 定位程序中的错误　　　　　　D. 刀具是否会发生碰撞

55. 导致细长杆车削过程中工件卡死的原因是（　　）。

    A. 径向切削力过大　　　　　　　B. 工件高速旋转离心力作用

    C. 毛坯自重　　　　　　　　　　D. 工件受热

56. 解决车削细长轴过程中工件受热伸长引起的问题，应（　　）。

    A. 使用双支承跟刀架

    B. 使用前后两个刀架，装两把刀同时切削

    C. 使用三支承跟刀架

    D. 使用弹性顶尖

57. 采用（　　）可在较大夹紧力时减小薄壁零件的变形。

    A. 开缝套筒　　B. 辅助支撑　　　C. 卡盘　　　　D. 软卡爪

58. 如图所示，刀尖半径补偿的方位号是（　　）。

    A. 2　　　　　　B. 4　　　　　　C. 3　　　　　　D. 1

59. 四爪单动卡盘装夹、车削偏心工件适宜于（　　）的生产要求。

    A. 单件或小批量　　　　　　　　B. 精度要求高

    C. 形状简单　　　　　　　　　　D. 偏心距较小

60. 对于图中所示的零件轮廓和刀具，精加工外形轮廓应选用刀尖夹角为（　　）的菱形刀片。

    A. 35°　　　　　B. 55°　　　　　C. 80°　　　　　D. 90°

61. 车削表面出现鳞刺的原因是（　　　）。

    A. 刀具破损　　　B. 进给量过大　　　　C. 工件材料太软　　　D. 积屑瘤破碎

62. 下列项目中影响车削零件位置公差的主要因素是（　　　）。

    A. 零件装夹　　　B. 工艺系统精度　　　C. 刀具几何角度　　　D. 切削参数

63. Tr30×6 表示（　　　）。

    A. 右旋螺距 12 mm 的梯形螺纹　　　　B. 右旋螺距 6 mm 的三角螺纹

    C. 左旋螺距 12 mm 的梯形螺纹　　　　D. 左旋螺距 6 mm 的梯形螺纹

64. 在数控机床上车削螺纹，螺纹的旋向由（　　　）决定。

    A. 走刀方向和主轴转向　　　　　　　　B. 加工螺纹的 G 功能

    C. 刀具　　　　　　　　　　　　　　　D. 加工螺纹的固定循环指令

65. 采用（　　　）切削螺纹时，螺纹车刀的左右刀刃同时切削。

    A. 直进法　　　　　　　　　　　　　　B. 斜进法

    C. 左右切削法　　　　　　　　　　　　D. G76 循环指令

66. NPT1/2 螺纹，牙型高度为 $0.8P$（P 为螺距），每英寸内 14 牙。车削螺纹的切深是（　　　）mm。

    A. 0.4　　　　　B. 1.25　　　　　　　C. 1.451　　　　　　D. 1.814

67. 车削多线螺纹时，轴向分线时应按（　　　）分线。

    A. 螺距　　　　　B. 导程　　　　　　　C. 头数　　　　　　　D. 角度

68. 一把梯形螺纹车刀的左侧后角是 8°，右侧后角是 0°，这把车刀（　　　）。

    A. 可以加工右旋梯形螺纹　　　　　　　B. 可以加工左旋梯形螺纹

    C. 被加工螺纹的旋向与其无关　　　　　D. 不可以使用

69. 没有专门用于车削变螺距螺纹指令的数控机床要加工变螺距螺纹，必须要用（　　　）。

    A. 特别设计的夹具　　　　　　　　　　B. 特制的刀具

    C. 带有 C 轴的数控机床　　　　　　　D. CAD/CAM 自动编程

70. 采用复合螺纹加工指令中的单侧切削法车削 60°公制螺纹，为了避免后边缘摩擦导致已加工表面质量差，应该把刀尖角参数设置为（　　　）。

    A. 29°　　　　　B. 55°　　　　　　　C. 60°　　　　　　　D. 30°

71. 车床主轴轴线有轴向窜动时，对车削（　　　）精度影响较大。

    A. 外圆表面　　　B. 螺纹螺距　　　　　C. 内孔表面　　　　　D. 圆弧表面

72. 影响梯形螺纹配合性质的主要尺寸是螺纹的（　　　）尺寸。

    A. 大径　　　　　B. 中径　　　　　　　C. 小径　　　　　　　D. 牙型角

73. 通常将深度与直径之比大于（　　　）的孔，称为深孔。

    A. 3　　　　　　B. 5　　　　　　　　C. 10　　　　　　　　D. 8

74. 进行孔类零件加工时，钻孔—镗孔—倒角—精镗孔的方法适用于（　　　）。

    A. 低精度孔　　　　　　　　　　　　　B. 高精度孔

    C. 小孔径的盲孔　　　　　　　　　　　D. 大孔径的盲孔

75. 镗孔的关键技术是刀具的刚性、冷却和（　　　）问题。

A. 振动   B. 工件装夹

C. 排屑   D. 切削用量的选择

76. 切削液由刀杆与孔壁的空隙进入，将切屑经钻头前端的排屑孔冲入刀杆内部排出的是（   ）。

    A. 喷吸钻   B. 外排屑枪钻   C. 内排屑深孔钻   D. 麻花钻

77. 钢材工件铰削余量小，刀口不锋利，使孔径缩小而产生误差的原因是加工时产生较大的（   ）。

    A. 切削力   B. 弯曲   C. 弹性恢复   D. 弹性变形

78. 枪孔钻的外切削刃与垂直于轴线的平面分别相交（   ）。

    A. 10°   B. 20°   C. 30°   D. 40°

79. 在孔即将钻透时，应（   ）进给速度。

    A. 提高   B. 减缓

    C. 均匀   D. 先提高后减缓

80. 钻孔时为了减少加工热量和轴向力，提高定心精度的主要措施是（   ）。

    A. 修磨后角和修磨横刃   B. 修磨横刃

    C. 修磨顶角和修磨横刃   D. 修磨后角

81. 枪孔钻的排屑性能相比麻花钻（   ）。

    A. 好   B. 差

    C. 相同   D. 不适宜于深孔加工

82. 枪孔钻为（   ）结构。

    A. 外排屑单刃   B. 外排屑多刃   C. 内排屑单刃   D. 内排屑多刃

83. 封闭环是在（   ）阶段自然形成的一环。

    A. 装配或加工过程的最后   B. 装配中间

    C. 装配最开始   D. 加工最开始

84. 尺寸链组成环中，由于该环增大而闭环随之增大的环称为（   ）。

    A. 增环   B. 闭环   C. 减环   D. 间接环

85. 封闭环的基本尺寸等于各增环的基本尺寸（   ）各减环的基本尺寸之和。

    A. 之差乘以   B. 之和减去   C. 之和除以   D. 之差除以

86. 封闭环的公差等于各组成环的（   ）。

    A. 基本尺寸之和的3/5   B. 基本尺寸之和或之差

    C. 公差之和   D. 公差之差

87. 封闭环的下偏差等于各增环的下偏差（   ）各减环的上偏差之和。

    A. 之差加上   B. 之和减去   C. 加上   D. 之积加上

88. 工序尺寸公差一般按该工序加工的（   ）来选定。

    A. 经济加工精度   B. 最高加工精度

    C. 最低加工精度   D. 平均加工精度

89. 基准不重合误差由前后（   ）不同而引起。

    A. 设计基准   B. 环境温度   C. 工序基准   D. 形位误差

90. 产生定位误差的原因主要有（　　）。

 A. 基准不重合误差、基准位移误差等

 B. 机床制造误差、测量误差等

 C. 工序加工误差、刀具制造误差等

 D. 夹具制造误差、刀具制造误差等

91. 千分表比百分表的放大比（　　），测量精度（　　）。

 A. 大　高　　　　B. 大　低　　　　　C. 小　高　　　　　D. 小　低

92. 使用百分表时，为了保持一定的起始测量力，测头与工件接触时测杆应有（　　）的压缩量。

 A. 0.1～0.3 mm　　　　　　　　B. 0.3～1 mm

 C. 1～1.5 mm　　　　　　　　　D. 1.5～2.0 mm

93. 测量法向齿厚时，先把齿高卡尺调整到（　　）尺寸，同时使齿厚卡尺的测量面与齿侧平行，这时齿厚卡尺测得的尺寸就是法向齿厚的实际尺寸。

 A. 齿顶高　　　　B. 全齿高　　　　C. 牙高　　　　D. 实际

94. 三针测量法中用的量针直径尺寸与（　　）。

 A. 螺距和牙型角都有关　　　　B. 螺距有关、与牙型角无关

 C. 螺距无关、与牙型角有关　　D. 牙型角有关

95. 当孔的公差带位于轴的公差带之上时，轴与孔装配在一起则必定是（　　）。

 A. 间隙配合

 B. 过盈配合

 C. 过渡配合

 D. 间隙配合、过盈配合、过渡配合都有可能

96. 过盈配合具有一定的过盈量，主要用于结合件间无相对运动（　　）的静连接。

 A. 可拆卸　　　B. 不经常拆卸　　　C. 不可拆卸　　　D. 常拆卸

97. 线轮廓度符号为（　　），是限制实际曲线对理想曲线变动量的一项指标。

 A. 一个圆　　　　　　　　　　B. 一个球

 C. 一上凸的圆弧线　　　　　　D. 两个等距曲线

98. 对于公差的数值，下列说法正确的是（　　）。

 A. 必须为正值　　　　　　　　B. 必须大于零或等于零

 C. 必须为负值　　　　　　　　D. 可以为正、为负、为零

99. 尺寸标注 φ50H7/m6 表示配合是（　　）。

 A. 间隙配合　　B. 过盈配合　　　C. 过渡配合　　　D. 不能确定

100. 公差配合 H7/g6 是（　　）。

 A. 间隙配合，基轴制　　　　　B. 过渡配合，基孔制

 C. 过盈配合，基孔制　　　　　D. 间隙配合，基孔制

101. 具有互换性的零件应是（　　）。

 A. 相同规格的零件　　　　　　B. 不同规格的零件

C. 相互配合的零件　　　　　　　　D. 加工尺寸完全相同的零件

102. 国标规定，对于一定的基本尺寸，其标准公差共有（　　）个等级。

A. 10　　　　　B. 18　　　　　C. 20　　　　　D. 28

103. 在表面粗糙度的评定参数中，代号 Ra 指的是（　　）。

A. 轮廓算术平均偏差

B. 微观不平十点高度

C. 轮廓最大高度

D. 轮廓算术平均偏差、微观不平十点高度、轮廓最大高度都不正确

104. 表面粗糙度对零件使用性能的影响不包括（　　）。

A. 对配合性质的影响　　　　　　　B. 对摩擦、磨损的影响

C. 对零件抗腐蚀性的影响　　　　　D. 对零件塑性的影响

105. 在等精度精密测量中多次重复测量同一量值是为了减小（　　）。

A. 系统误差　　B. 随机误差　　　C. 粗大误差　　　D. 绝对误差

106. 越靠近传动链末端的传动件的传动误差，对加工精度影响（　　）。

A. 越小　　　　B. 不确定　　　　C. 越大　　　　　D. 无影响

107. 加工时采用了近似的加工运动或近似刀具的轮廓产生的误差称为（　　）。

A. 加工原理误差　　　　　　　　　B. 车床几何误差

C. 刀具误差　　　　　　　　　　　D. 调整误差

108. 机床主轴的回转误差是影响工件（　　）的主要因素。

A. 平面度　　　B. 垂直度　　　　C. 圆度　　　　　D. 表面粗糙度

109. 提高机床动刚度的有效措施是（　　）。

A. 增大阻尼　　B. 增大偏斜度　　C. 减少偏斜度　　D. 减小摩擦

110. 用螺纹千分尺可以测量螺纹的（　　）。

A. 大径　　　　B. 中径　　　　　C. 小径　　　　　D. 螺距

111. 机床主轴润滑系统中的空气过滤器必须（　　）检查。

A. 隔年　　　　B. 每周　　　　　C. 每月　　　　　D. 每年

112. （　　）不符合机床维护操作规程。

A. 有交接班记录　　　　　　　　　B. 备份相关设备技术参数

C. 机床 24 h 运转　　　　　　　　D. 操作人员培训上岗

113. 伺服电动机的检查要在（　　）。

A. 数控系统断电后，且电极完全冷却下进行

B. 电极温度不断升高的过程中进行

C. 数控系统已经通电的状态下，且电极温度达到最高的情况下进行

D. 数控系统已经通电的状态下进行

114. 气泵压力设定不当会造成机床（　　）的现象。

A. 无气压　　　　　　　　　　　　B. 气压过低

C. 气泵不工作　　　　　　　　　　D. 气压表损坏

115. 进给机构噪声大的原因是（　　）。

A. 滚珠丝杠的预紧力过大　　　　B. 电动机与丝杠联轴器松动

C. 导轨镶条与导轨间间隙调整过小　　D. 导轨面直线度超差

116. 机床油压系统过高或过低可能是因为（　　）造成的。

A. 油量不足　　　　　　　　　　B. 压力设定不当

C. 油黏度过高　　　　　　　　　D. 油中混有空气

117. 机床在无切削载荷的情况下，因本身的制造、安装和磨损造成的误差称为机床（　　）。

A. 物理误差　　B. 动态误差　　　　C. 静态误差　　　　D. 调整误差

118. 检查数控机床几何精度时，首先应进行（　　）。

A. 坐标精度检测　　　　　　　　B. 连续空运行试验

C. 切削精度检测　　　　　　　　D. 安装水平的检查与调整

119. 数控机床切削精度检验（　　），对机床几何精度和定位精度的一项综合检验。

A. 又称静态精度检验，是在切削加工条件下

B. 又称静态精度检验，是在空载条件下

C. 又称动态精度检验，是在切削加工条件下

D. 又称动态精度检验，是在空载条件下

120. 对于卧式数控车床而言，其单项切削精度分别为外圆切削、端面切削和（　　）精度。

A. 内圆切削　　B. 沟槽切削　　　　C. 圆弧面切削　　　D. 螺纹切削

二、判断题（第 121 题 ~ 第 140 题。将判断结果填入括号中，正确的填√，错误的填×。每题 1 分，共 20 分。）

121. （　　）企业要优质高效应尽量避免采用开拓创新的方法，因为开拓创新风险过大。

122. （　　）润滑剂的主要作用是降低摩擦阻力。

123. （　　）可编程序控制器以串行方式工作是为了加快执行速度。

124. （　　）三相同步电动机适用于不要求调速的场合。

125. （　　）异步电动机的额定功率，是指在额定运行情况下，从轴上输出的电功率。

126. （　　）位置精度是数控机床特有的机床精度指标。

127. （　　）数控机床伺服系统的作用是转换数控装置的脉冲信号去控制机床各部件工作。

128. （　　）闭环系统的位置检测器件安装在伺服电动机轴上。

129. （　　）采用半闭环伺服系统的数控机床需要丝杠螺距补偿。

130. （　　）钢材淬火时工件发生过热将降低钢的韧性。

131. （　　）中温回火加热温度为 $100 \sim 150℃$。

132. （　　）加工脆性材料不会产生积屑瘤。

133. （　　）加工脆性材料刀具容易崩刃。

134. （　　） 金属切削加工时，提高切削速度可以有效降低切削温度。

135. （　　） 滚齿加工可以加工内、外齿轮。

136. （　　） 超声波加工可用于不导电的非金属材料的加工。

137. （　　） 刀具耐用度随着切削速度的提高而增加。

138. （　　） 装配图中相邻两个零件的间隙非常小的非接触面可以用一条线表示。

139. （　　） 零件图的明细栏填写序号应该从下往上，由大到小填写。

140. （　　） G74 和 G75 两者都用于切槽和钻孔，只是切削的方向不同（FANUC系统）。

三、多项选择题（第 141 题 ~ 第 180 题。选择正确的答案，将相应的字母填入题内的括号中。每题 0.5 分，共 20 分。）

141. 过滤器选用时应考虑（　　）。
　　A. 安装尺寸　　　　　B. 过滤精度　　　　　C. 流量
　　D. 机械强度　　　　　E. 滤芯更换方式

142. 相比黏度小的油液，黏度大的油液适用于（　　）的液压系统。
　　A. 工作压力高　　　B. 工作压力低　　　C. 运动速度高
　　D. 运动速度低　　　E. 工作温度低

143. 测绘时对于各零件关联尺寸进行处理的原则是（　　）。
　　A. 根据磨损情况进行处理
　　B. 四舍五入
　　C. 配合尺寸的基本尺寸要相同
　　D. 与标准件配合的尺寸要符合标准
　　E. 先确定基本尺寸，再根据工作性质确定公差

144. 一道工序中，在（　　）都不变的情况下所完成的工艺过程称为一个工步。
　　A. 工人　　　　　B. 切削刀具　　　　　C. 加工表面
　　D. 转速　　　　　E. 进给量

145. 同一个工序的加工是指（　　）的加工。
　　A. 同一个机床　　　B. 同一批工件　　　C. 同一把刀
　　D. 一次进刀　　　　E. 工件某些表面的连续加工

146. 正常的生产条件是（　　）。
　　A. 完好的设备
　　B. 合格的夹具
　　C. 合格的刀具
　　D. 标准技术等级的操作工人
　　E. 合理的工时定额

147. 切削加工顺序安排时应考虑下面几个原则：（　　）。
　　A. 先粗后精　　　　B. 先主后次　　　　C. 基面先行
　　D. 先孔后面　　　　E. 工序分散

148. 提高工件加工精度的有效的方法是（　　）。

A. 减小进给量　　　　B. 增大主轴转速　　　C. 减小切削深度

D. 减小刀具后角　　　E. 减小刀具前角

149. 切削加工时，切削速度的选择要受（　　）的限制。

A. 机床功率　　　　　B. 工艺系统刚度　　　C. 工件材料

D. 刀具寿命　　　　　E. 工序基准的选择

150. 用心轴对有较长长度的孔进行定位时，可以限制工件的（　　）自由度。

A. 两个移动　　　　　B. 一个移动　　　　　C. 三个移动

D. 一个转动　　　　　E. 两个转动

151. 用心轴类夹具加工盘套类零件，（　　）受到定位精度的影响。

A. 外圆的圆柱度

B. 外圆对定位孔的同轴度

C. 端面对内孔轴线的垂直度

D. 端面的平面度

E. 面轮廓度

152. 基准位移误差在当前工序中产生，一般受（　　）的影响。

A. 机床位置精度　　　B. 工件定位面精度　　C. 装夹方法

D. 工件定位面选择　　E. 定位元件制造精度

153. 圆偏心夹紧机构的夹紧力与（　　）成反比。

A. 回转中心到夹紧点之间的距离

B. 手柄上力的作用点到回转中心的距离

C. 作用在手柄上的力

D. 偏心升角

E. 夹紧行程

154. 高温合金常用于制造（　　）。

A. 燃气轮机燃烧室　　B. 曲轴　　　　　　　C. 涡轮叶片

D. 涡轮盘　　　　　　E. 高强度齿轮

155. 纯铝、纯铜材料的切削特点是（　　）。

A. 切削力较小　　　　B. 尺寸精度容易控制　C. 导热率高

D. 易粘刀　　　　　　E. 易断屑

156. 刃磨高速钢材料刀具可选（　　）。

A. 白刚玉砂轮　　　　B. 单晶刚玉砂轮　　　C. 绿碳化硅砂轮

D. 锆刚玉砂轮　　　　E. 立方氮化硼砂轮

157. 偏心式机械夹固式车刀的特点是（　　）。

A. 定位精度高　　　　B. 夹紧力大　　　　　C. 结构简单

D. 排屑流畅　　　　　E. 装卸方便

158. 对硬度为58 HRC以上的淬硬钢进行切削，下列刀具材料中应选择（　　）。

A. 高速钢　　　　　　B. 立方氮化硼（CBN）　C. 涂层硬质合金

D. 陶瓷刀具　　　　　E. 金刚石刀具

159. 可转位车刀符号中（　　）表示主偏角90°的外圆车刀刀杆。

A. A　　　　B. B　　　　C. G　　　　D. C　　　　E. F

160. 可转位车刀夹固方式中常用的是（　　）。

A. 上压式　　　　　　B. 杠杆式　　　　　　C. 楔销式

D. 压孔式　　　　　　E. 偏心式

161. 对程序段"N50 M98 P15 L2"描述正确的有（　　）（FANUC 系统、华中系统）。

A. 此程序段的作用是调用子程序

B. 在此程序中要调用子程序 15 次

C. 在此程序中要调用的子程序名是"O15"

D. 此程序中要调用子程序 2 次

E. 在此程序中要调用的子程序名是"P15"

162. 子程序的格式是（　　）（FANUC 系统、华中系统）。

A. 用 M98 指令调用某个子程序

B. 主程序中，在调用子程序的程序段之后的程序段都是子程序

C. 子程序的第一个程序段必须用 G00 指令进行定位

D. 子程序中如果沿用前面主程序中指定的进给速度，则不必再指定 F 的值

E. 子程序调用结束后，程序运行将返回到主程序中调用子程序的程序段的下一个程序段

163. 子程序能够（　　）嵌套（FANUC 系统、华中系统）。

A. 一重　　B. 二重　　C. 三重　　D. 十重　　E. 无限

164. 程序段 G90 X__ Z__ F__中，（　　）（FANUC 系统）。

A. G90 是圆柱面车削循环指令

B. X、Z 为本程序段运行结束时的终点坐标

C. F 定义的是切削进给速度

D. G90 是模态指令

E. 本程序段中指定了此循环加工的起点坐标

165. 程序段 G90 X__ Z__ R__ F__中，（　　）（FANUC 系统）。

A. G90 是圆锥面车削循环指令

B. X、Z 为本程序段运行结束时的终点坐标

C. F 定义的是切削进给速度

D. G90 是模态指令

E. 本程序段中指定了此循环加工的起点坐标

166. （　　）不能进行装配设计。

A. 线框模型　　　　　B. 面模型　　　　　C. 实体模型

D. 特征模型　　　　　E. 参数造型

167. 生成数控加工轨迹的必要条件是（　　）。

A. 零件数据模型　　　B. 零件材料　　　　C. 加工坐标系

D. 刀具参数　　　　　E. 装夹方案

168. 完成后置处理需要（　　）。
　　A. 刀具位置文件　　　　B. 刀具数据　　　　　C. 工装数据
　　D. 零件数据模型　　　　E. 后置处理器

169. （　　）格式数据文件是 CAD 文件。
　　A. DWG　　　　　　　B. IGES　　　　　　　C. STL
　　D. STEP　　　　　　　E. X＿T

170. 用于数控加工操作仿真软件必须具备（　　）功能。
　　A. 系统面板仿真操作　　B. 机床面板仿真操作　C. 工件加工过程模拟
　　D. 对刀操作模拟　　　　E. 刀具干涉检查

171. 常用数控系统中程序名的特征是（　　）。
　　A. N 加上数字　　　　　B. O 加上数字　　　　C. 字母和数字组合
　　D. 全数字　　　　　　　E. 有限字符

172. DNC 的功能中（　　）属于集成管理技术。
　　A. 上传、下传加工程序　B. 传送机床操作命令　C. 机床状态监控
　　D. 远程设备诊断　　　　E. 生产任务调度

173. 局域网的主要功能和特点是（　　）。
　　A. 设备之间相距较远
　　B. 相互之间可以传输数据
　　C. 网内设备实现资源共享
　　D. 用特定的设备和传输媒体相连
　　E. 有特定的软件管理

174. 数控加工中引入工件坐标系的作用是（　　）。
　　A. 编程时可以减少机床尺寸规格的约束
　　B. 编程时不必考虑工件在工作台上的位置
　　C. 简化编程工作
　　D. 减少选择刀具的约束
　　E. 有利于程序调试

175. 加工内孔时在刀尖圆弧半径补偿中可用的刀尖方位号是（　　）。
　　A. ⑨　　B. ②　　C. ③　　D. ④　　E. ①

176. 改变刀具参数表中的（　　）都会改变刀架基准点相对工件原点的位置。
　　A. 刀尖半径值　　　　　B. 刀尖方位号
　　C. 刀具位置偏置值　　　D. 刀具位置磨耗补偿值
　　E. 刀尖半径磨耗补偿值

177. 数控车床刀具自动换刀的过程必须要做的工作是（　　）。
　　A. 主轴停转　　　　　　B. 发出选、换刀指令
　　C. 移动到安全位置　　　D. 指令新的位置补偿参数号
　　E. 指令新的主轴转速

178. （　　）一般用于程序调试。

A. 锁定功能   B. M01   C. 单步运行

D. 跳步功能   E. 轨迹显示

179. 车削细长轴的刀具要求（   ）。

A. 大前角   B. 小后角   C. 负的刃倾角

D. 宽倒棱   E. $R1.5 \sim 3$ 的卷屑槽

180. （   ）有利于车削割断直径较大的工件。

A. 加大主切削刃的前角

B. 采用反切刀反向切割

C. 采用浅深度、长距离的卷屑槽

D. 保证刀具中心线与主轴轴线垂直

E. 夹紧位置离切割位置远些

理论知识考试模拟试卷（二）

一、单项选择题（第1题～第120题。选择一个正确的答案，将相应的字母填入题内的括号中。每题0.5分，共60分。）

1. 遵守法律法规要求（　　　）。
   A. 积极工作　　　　　　　　　　B. 加强劳动协作
   C. 自觉加班　　　　　　　　　　D. 遵守安全操作规程

2. 爱岗敬业的具体要求是（　　　）。
   A. 看效益决定是否爱岗　　　　　B. 转变择业观念
   C. 提高职业技能　　　　　　　　D. 增强把握择业的机遇意识

3. 牌号 QT 表示（　　　）。
   A. 球墨铸铁　　B. 灰铸铁　　　C. 可锻铸铁　　　D. 蠕墨铸铁

4. 钢材淬火时为了（　　　），需要选择合适的设备。
   A. 变形　　　　B. 开裂　　　　C. 硬度偏低　　　D. 氧化和脱碳

5. 中温回火主要适用于（　　　）。
   A. 各种刀具　　B. 各种弹簧　　C. 各种轴　　　D. 高强度螺栓

6. （　　　）切削时可以中途加入冷却液。
   A. 金刚石刀具　B. 硬质合金刀具　C. 高速钢刀具　D. 陶瓷刀具

7. 刀具前角大则（　　　）。
   A. 切削力大　　B. 提高刀具强度　C. 散热能力差　D. 容易磨损

8. 当切削温度很高时，工件材料和刀具材料中的某些化学元素发生变化，改变了材料成分和结构，导致刀具磨损。这种磨损叫（　　　）。
   A. 磨粒磨损　　B. 冷焊磨损　　C. 扩散磨损　　　D. 氧化磨损

9. 在切削加工中，常见的涂层均以（　　　）为主。
   A. Al_2O_3　　　B. TiC　　　　C. TiN　　　　　D. YT

10. 装配图中相邻两个零件的接触面应该画（　　　）。
    A. 一条粗实线　　　　　　　　　B. 两条粗实线
    C. 一条线加文字说明　　　　　　D. 两条细实线

11. 在测绘零件时，要特别注意分析有装配关系的零件的（　　　）。
    A. 配合处尺寸　B. 配合性质　　C. 材料　　　　D. 磨损程度

12. 装配图中的传动带用（　　　）画出。
    A. 实线　　　　B. 虚线　　　　C. 网格线　　　D. 粗点画线

13. 形位公差要求较高的工件，它的定位基准面必须经过（　　　）或精刮。
    A. 研磨　　　　B. 热处理　　　C. 定位　　　　D. 铣

14. 切削用量中，对切削刀具磨损影响最大的是（　　　）。

A. 切削深度

B. 进给量

C. 切削速度

D. 切削深度、进给量、切削速度都不是

15. 组合夹具的最大特点是（　　）。

A. 夹具精度高　　　　　　　　B. 夹具刚度好

C. 使用方便　　　　　　　　　D. 可根据需要组装

16. 决定对零件采用某种定位方法，主要根据（　　）。

A. 工件被限制了几个自由度　　B. 工件需要限制几个自由度

C. 夹具采用了几个定位元件　　D. 工件精度要求

17. 加工高硬度淬火钢、冷硬铸铁和高温合金材料应选用（　　）刀具。

A. 陶瓷　　　　　　　　　　　B. 金刚石

C. 立方氮化硼　　　　　　　　D. 高速钢

18. 切削纯铝、纯铜的刀具（　　）。

A. 前后面的粗糙度值要小　　　B. 要有断屑槽

C. 前角要小　　　　　　　　　D. 切削刃要锋利

19. 下列指令中（　　）是深孔钻循环指令（FANUC 系统）。

A. G71　　　　B. G72　　　　C. G73　　　　D. G74

20. G75 指令是沿（　　）方向进行切槽循环加工的（FANUC 系统）。

A. X 轴　　　B. Z 轴　　　C. Y 轴　　　D. C 轴

21. 数控车床中的 G41/G42 指令是对（　　）进行补偿。

A. 刀具的几何长度　　　　　　B. 刀具的刀尖圆弧半径

C. 刀柄的半径　　　　　　　　D. 刀具的位置

22. 在变量使用中，下面选项（　　）的格式是对的（FANUC 系统、华中系统）。

A. O#1　　　　　　　　　　　B. /#2 G00 X100.0

C. N#3 X200.0　　　　　　　　D. #5 = #1 - #3

23. 执行程序段"N50 #25 = -30；N60 #24 = ABS［#25］；"后，#24 赋值为（　　）（FANUC 系统、华中系统）。

A. -30　　　B. 30　　　C. 900　　　D. -0.5

24. 在运算指令中，形式为#i = ROUND［#j］的函数表示的意义是（　　）（FANUC 系统）。

A. 圆周率　　　　　　　　　　B. 四舍五入整数化

C. 求数学期望值　　　　　　　D. 弧度

25. 宏程序中大于的运算符为（　　）（FANUC 系统、华中系统）。

A. LE　　　　B. EQ　　　　C. GE　　　　D. GT

26. 在变量赋值方法 I 中，引数（自变量）A 对应的变量是（　　）（FANUC 系统）。

A. #101　　　B. #31　　　C. #21　　　D. #1

27. 若#24、#26 表示的是加工点的 X、Z 坐标，则描述其 X 和 Z 向运动关系的宏程序段"#26 = SQRT{2 * #2 * #24};"所描述的加工路线是（　　）（FANUC 系统、华中系统）。

　　A. 圆弧　　　　　　B. 椭圆　　　　　　C. 抛物线　　　　　D. 双曲线

28. 子程序是不能脱离（　　）而单独运行的（SIEMENS 系统）。

　　A. 主程序　　　　　B. 宏程序　　　　　C. 循环程序　　　　D. 跳转程序

29. 主程序与子程序有区别的一点是子程序结束指令为（　　）（SIEMENS 系统）。

　　A. M05　　　　　　B. RET　　　　　　C. M17　　　　　　D. M01

30. 子程序嵌套是指（　　）（SIEMENS 系统）。

　　A. 同一子程序被连续调用

　　B. 在主程序中调用子程序，在子程序中可以继续调用子程序

　　C. 在主程序中调用不同的子程序

　　D. 同一子程序可以被不同主程序多重调用

31. 在华中系统中，单一固定循环是将一个固定循环，例如切入→切削→退刀→返回四个程序段用（　　）指令简化为一个程序段（华中系统）。

　　A. G90　　　　　　B. G54　　　　　　C. G32　　　　　　D. G80

32. 程序段"N25 G80 X60. 0 Z－35. 0 R－5. 0 F0. 1;"所加工的锥面大小端半径差为（　　）mm，加工方向为圆锥（　　）（华中系统）。

　　A. 5　小端到大端　　　　　　　　　B. 5　大端到小端

　　C. 2. 5　小端到大端　　　　　　　　D. 2. 5　大端到小端

33. 程序段"G81 X35 Z－6 K3 F0. 2;"是循环车削（　　）的程序段（华中系统）。

　　A. 外圆　　　　　　B. 斜端面　　　　　C. 内孔　　　　　　D. 螺纹

34. 华中数控系统中，G71 指令是以其程序段中指定的切削深度，沿平行于（　　）的方向进行多重粗切削加工的（华中系统）。

　　A. X 轴　　　　　　B. Z 轴　　　　　　C. Y 轴　　　　　　D. C 轴

35. 在华中系统中，（　　）指令是端面粗加工循环指令（华中系统）。

　　A. G70　　　　　　B. G71　　　　　　C. G72　　　　　　D. G73

36. 程序段"G73 U(Δi) W(Δk) R(r) P(ns) Q(nf) X(Δx) Z(Δz) F(f) S(s) T(t);"中的 r 表示（　　）（华中系统）。

　　A. 加工余量　　　　　　　　　　　B. 粗加工循环次数

　　C. Z 方向退刀量　　　　　　　　　D. 粗精加工循环次数

37. 华中数控车系统中 G76 是（　　）指令（华中系统）。

　　A. 螺纹切削复合循环　　　　　　　B. 端面切削循环

　　C. 内外径粗车复合循环　　　　　　D. 封闭轮廓复合循环

38. 程序段 N20 CYCLE93 (35, 60, 30, 25, 5, 10, 20, 0, 0, －2, －2, 1, 1, 10, 1, 5) 中，Z 方向的起点坐标指定为（　　）（SIEMENS 系统）。

　　A. 60　　　　　　　B. 25　　　　　　　C. 1　　　　　　　D. 10

39. SIEMENS 系统，CYCLE95 指令在粗加工时是以其程序段中指定的切削深度，沿

平行于（　　　）的方向进行多重切削的（SIEMENS 系统）。

    A. X 轴　　　　　　B. Z 轴　　　　　　C. Y 轴　　　　　　D. C 轴

40. SIEMENS 数控车系统中 CYCLE97 是（　　　）指令（SIEMENS 系统）。

    A. 螺纹切削循环　　B. 端面切削循环　　C. 深孔钻削循环　　D. 切槽循环

41. 下列 R 参数引用段中，正确的引用格式为（　　　）（SIEMENS 系统）。

    A. G01 X = R1 + R2 F = R3　　　　　　B. G01 XR1 + R2 FR3

    C. G01 X[1 + R2] F[R3]　　　　　　D. G01 ZR – 1 FR3

42. R 参数由 R 地址与（　　　）组成（SIEMENS 系统）。

    A. 数字　　　　　　B. 字母　　　　　　C. 运算符号　　　　D. 下画线

43. 表示余弦函数的运算指令是（　　　）（SIEMENS 系统）。

    A. Ri = TAN(Rj)　　　　　　　　　　B. Ri = ACOS(Rj)

    C. Ri = COS(Rj)　　　　　　　　　　D. Ri = SIN(Rj)

44. 在运算指令中，形式为 Ri = ASIN(Rj) 的函数表示的意义是（　　　）（SIEMENS 系统）。

    A. 舍入　　　　　　B. 立方根　　　　　C. 合并　　　　　　D. 反正弦

45. 表示正切函数的运算指令是（　　　）（SIEMENS 系统）。

    A. Ri = TAN(Rj)　　　　　　　　　　B. Ri = ATAN2(Rj)

    C. Ri = FIX(Rj)　　　　　　　　　　D. Ri = COS(Rj)

46. 在运算指令中，形式为 Ri = ABS(Rj) 的函数表示的意义是（　　　）（SIEMENS 系统）。

    A. 离散　　　　　　B. 非负　　　　　　C. 绝对值　　　　　D. 位移

47. 表达式 Ri = EXP(Rj) 是（　　　）运算（SIEMENS 系统）。

    A. 自然对数　　　　B. 指数函数　　　　C. 下取整　　　　　D. 上取整

48. 在运算指令中，取整指令的格式为（　　　）（SIEMENS 系统）。

    A. Ri = EXP(Rj)　　　　　　　　　　B. ABS(Rj)

    C. LN(Rj)　　　　　　　　　　　　　D. Ri = TRUNC(Rj)

49. 在运算指令中，形式为 #i = INT[#j] 的函数表示的意义是（　　　）（华中系统）。

    A. 自然对数　　　　B. 舍去小数点　　　C. 取整　　　　　　D. 非负数

50. 运算表达式 "R1 = R2 + R3 * SIN(R4) – 8;" 按运算次序首先是（　　　）（SIEMENS 系统）。

    A. R2 + R3　　　　　　　　　　　　B. R3 * SIN(R4)

    C. SIN(R4)　　　　　　　　　　　　D. SIN(R4) – 8

51. 如要编程实现："如果 A 大于或等于 B，那么继续运行程序至某程序段，否则程序将跳过这些程序运行后面的程序段"，下面语句中正确的是（　　　）（华中系统）。

    A. WHILE [A GE B]; …ENDW;　　　　B. WHILE [A LT B]; …ENDW;

    C. IF [A GE B]; …ENDIF;　　　　　　D. IF [A LT B]; …ENDIF;

52. 如要编程实现："如果 R1 大于或等于 R2，那么程序向后跳转至 LABEL1 程序段"，下面语句中正确的是（　　　）（SIEMENS 系统）。

A. GOTOF LABEL1　　　　　　　　B. GOTOB LABEL1

C. IF R1 > = R2 GOTOF LABEL1　　D. IF R1 > = R2 GOTOB LABEL1

53. CAD/CAM 中 IGES 标准用于（　　）转换。

A. 线框模型　　　B. 面模型　　　C. 实体模型　　　D. 特征模型

54. 数控加工仿真中（　　）属于物理性能仿真。

A. 加工精度检查　　　　　　　　B. 加工程序验证

C. 刀具磨损分析　　　　　　　　D. 优化加工过程

55. 数控加工刀具轨迹检验一般不采用（　　）。

A. 数控系统的图形显示　　　　　B. CAM 软件中的刀轨模拟

C. 数控仿真软件　　　　　　　　D. 试件加工

56. 设置 RS232C 的参数，串口 1 传输的波特率设置为 2 400 b/s，接串口 2 的波特率应设置为（　　）。

A. 1 200 b/s　　B. 1 800 b/s　　C. 2 400 b/s　　D. 4 800 b/s

57. 手工建立新的程序时，必须最先输入的是（　　）。

A. 程序段号　　　B. 刀具号　　　C. 程序名　　　D. G 代码

58. （　　）是传输速度最快的联网技术。

A. RS232C 通信接口　　　　　　B. 计算机局域网

C. RS422 通信接口　　　　　　　D. 现场总线

59. 局域网内的设备的线缆接头的规格是（　　）。

A. RG – 8　　　B. RG – 58　　　C. RG – 62　　　D. RJ – 45

60. 设置工件坐标系就是在（　　）中找到工件坐标系原点的位置。

A. 工件　　　B. 机床工作台　　　C. 机床运动空间　　　D. 机床坐标系

61. 如图采用试切法对刀，试切右端面，显示 Z 坐标位置 147.617 mm，Z 轴的几何位置偏置补偿值是（　　）（机床坐标系原点在卡盘底面中心）。

A. 149.684　　　B. 145.550　　　C. 2.067　　　D. 147.617

62. 数控车床的换刀指令代码是（　　）。

A. M　　　B. S　　　C. D　　　D. T

63. 锁定按钮是（　　）。

A. ①　　　B. ②　　　C. ③　　　D. ④

64. 解决车削细长轴过程中工件受热伸长引起的问题，应（　　）。

    A. 使用双支承跟刀架

    B. 使用前后两个刀架，装两把刀同时切削

    C. 使用三支承跟刀架

    D. 使用弹性顶尖

65. 加工图中凹槽，已知刀宽 2 mm，对刀点在左侧刀尖。

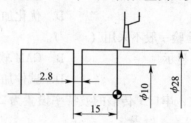

（程序一）…；

G00 X30 Z – 12. 2；

G01 X10；

G00 X28；

G00 Z – 15；

G01 X10；

…；

（程序二）…；

G00 X30 Z – 14. 2；

G01 X10；

G00 X28；

G00 Z – 15；

G01 X10；

…

（程序三）…；

G00 X30 Z – 12. 2；

G01 X10；

G00 X28；

G00 Z – 13；

G01 X10；

…；

以上程序中正确的是（　　）。

    A. 程序三　　　　　　　　　　　　B. 程序二

    C. 程序一　　　　　　　　　　　　D. 没有正确的

66. 用题图中所示的刀具加工图示工件的内孔，根据刀具表中的参数应该选择序号为（　　）的刀具。已知主偏角为 93°。

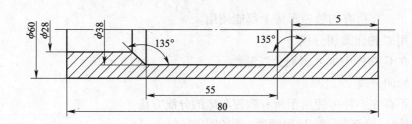

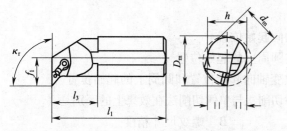

序号	刀片	d_m	D_m	f_1	l_1	l_3
1	55°菱形	12	18	11	150	45
2	55°菱形	14	24	13	150	45
3	35°菱形	12	18	11	150	45
4	35°菱形	14	24	13	150	45

  A. 序号 1   B. 序号 2   C. 序号 3   D. 序号 4

  67. 对于图中所示的零件轮廓和刀具，精加工外形轮廓应选用刀尖夹角为（   ）的菱形刀片。

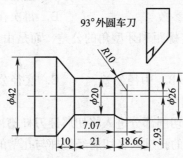

  A. 35°   B. 55°   C. 80°   D. 90°

  68. 下列项目中影响车削零件形状公差的主要因素是（   ）。

  A. 零件装夹 B. 工艺系统精度 C. 刀具几何角度 D. 切削参数

  69. 在斜床身数控车床上加工外圆右旋螺纹，当螺纹刀面朝上安装时，主轴与走刀路线的关系是（   ）。

  A. 主轴正转，从左向右切削   B. 主轴反转，从左向右切削

  C. 主轴正转，从右向左切削   D. 主轴反转，从右向左切削

  70. 采用斜向进刀法车削螺纹，每刀进给深度 0.23 mm，编程时每次执行螺纹指令前 Z 轴位置应该（   ）。

  A. 在同一位置

  B. 在与上次位置平移一个螺距的位置

  C. 在与上次位置平移 0.23 mm 的位置

  D. 在与上次位置平移 0.133 mm 的位置

  71. NPT1/2 的外螺纹，已知基准直径为 21.223 mm，基准距离为 8.128 mm。车削螺纹前螺纹端面的直径应该是（   ）mm。

  A. 6.096   B. 7.62   C. 7.112   D. 7.874

72. （ ）在所有的数控车床上都能使用。

A. 用 C 轴作圆周分线

B. 在 G 功能中加入圆周分线参数

C. 轴向分线

D. 不存在一种可使用于所有数控车床的分线方法

73. 编制加工槽等宽的变导程螺纹车削程序要（ ）。

A. 每转过 360°修改螺距

B. 要分多次进刀，每次改变轴向起始位置

C. 要分多次进刀，每次改变在圆周上的起始位置

D. 要分多次进刀，每次同时改变轴向起始位置和圆周上的起始位置

74. 复合螺纹加工指令中的两侧交替切削法与单侧切削法在效果上的区别是（ ）。

A. 加工效率   B. 螺纹尺寸精度

C. 改善刀具寿命   D. 螺纹表面质量

75. 数控车床车削螺纹防止乱扣的措施是（ ）。

A. 选择正确的螺纹刀具   B. 正确安装螺纹刀具

C. 选择合理的切削参数   D. 每次在同一个 Z 轴位置开始切削

76. 螺纹标准中没有规定螺距和牙型角的公差，而是由（ ）对这两个要素进行综合控制。

A. 大径公差   B. 中径公差   C. 底径公差   D. 不对其控制

77. 内排屑深孔钻加工时（ ）。

A. 切削液由刀杆和切削部分进入将切屑经刀杆槽冲排出来

B. 切削液由刀杆内的孔进入将切屑经刀杆与孔壁的空隙排出

C. 切削液由刀杆与孔壁的空隙进入将切屑经钻头前端的排屑孔冲入刀杆内部排出

D. 切削液由排屑孔进入将切屑从孔底排出

78. 枪孔钻的内切削刃与垂直于轴线的平面分别相交（ ）。

A. 10°   B. 20°   C. 30°   D. 40°

79. 钻小径孔或长径比较大的深孔时应采取（ ）的方法。

A. 低转速低进给   B. 高转速低进给

C. 低转速高进给   D. 高转速高进给

80. 在切削用量相同的条件下主偏角减小切削宽度增大，则切削温度也（ ）。

A. 上升   B. 下降   C. 先升后降   D. 不变

81. （ ）有助于解决深孔加工时的排屑问题。

A. 加注切削液到切削区域   B. 增强刀体刚度

C. 采用大的切深   D. 加固工件装夹

82. 深孔加工时常用的刀具是（ ）。

A. 扁钻   B. 麻花钻   C. 中心钻   D. 枪孔钻

83. 封闭环是在（ ）阶段自然形成的一环。

A. 装配或加工过程的最后　　　　　　B. 装配中间

C. 装配最开始　　　　　　　　　　　D. 加工最开始

84. 尺寸链组成环中，由于该环增大而闭环随之增大的环称为（　　　）。

A. 增环　　　　　B. 闭环　　　　　C. 减环　　　　　D. 间接环

85. 尺寸链中封闭环为 L_0，增环为 L_1，减环为 L_2，那么增环的基本尺寸为（　　　）。

A. $L_1 = L_0 + L_2$　　B. $L_1 = L_0 - L_2$　　C. $L_1 = L_2 - L_0$　　D. $L_1 = L_2$

86. 封闭环的上偏差等于各增环的上偏差（　　　）各减环的下偏差之和。

A. 之差乘以　　　B. 之和减去　　　C. 之和除以　　　D. 之差除以

87. 进行基准重合时的工序尺寸计算，应从（　　　）道工序算起。

A. 最开始第四　　B. 任意　　　　　C. 中间第三　　　D. 最后一

88. 工件定位时，用来确定工件在夹具中位置的基准称为（　　　）。

A. 设计基准　　　B. 定位基准　　　C. 工序基准　　　D. 测量基准

89. （　　　）重合时，定位尺寸即工序尺寸。

A. 设计基准与工序基准　　　　　　B. 定位基准与设计基准

C. 定位基准与工序基准　　　　　　D. 测量基准与设计基准

90. 对于一个平面加工尺寸，如果上道工序的尺寸最大值为 H_{amax}，最小值为 H_{amin}，本工序的尺寸最大值为 H_{bmax}，最小值为 H_{bmin}，那么，本工序的最大加工余量 $Z_{max} = $（　　　）。

A. $H_{amax} - H_{bmax}$　　　　　　B. $H_{amax} - H_{bmin}$

C. $H_{amin} - H_{bmax}$　　　　　　D. $H_{amin} - H_{bmin}$

91. 使用一般规格百分表时，为了保持一定的起始测量力，测头与工件接触时测杆应有（　　　）的压缩量。

A. $0.1 \sim 0.3$ mm　　　　　　　B. $0.3 \sim 0.5$ mm

C. $0.5 \sim 0.7$ mm　　　　　　　D. $0.7 \sim 1.0$ mm

92. 百分表的分度值是（　　　）。

A. 0.1 mm　　　B. 0.01 mm　　C. 0.001 mm　　D. 0.0001 mm

93. 测量法向齿厚时，应使尺杆与蜗杆轴线间的夹角等于蜗杆的（　　　）角。

A. 牙型　　　　　B. 螺距　　　　　C. 压力　　　　　D. 导程

94. 三针测量法的量针最佳直径应是使量针的（　　　）与螺纹中径处牙侧面相切。

A. 直径　　　　　B. 横截面　　　　C. 斜截面　　　　D. 四等分点

95. 封闭环的公差（　　　）各组成环的公差。

A. 大于　　　　　B. 大于或等于　　C. 小于　　　　　D. 小于或等于

96. 测量工件表面粗糙度值时选择（　　　）。

A. 游标卡尺　　　B. 量块　　　　　C. 塞尺　　　　　D. 干涉显微镜

97. 采用基轴制，用于相对运动的各种间隙配合时孔的基本偏差应在（　　　）之间选择。

A. $S \sim U$　　　B. $A \sim G$　　　C. $H \sim N$　　　D. $A \sim U$

98. 配合的松紧程度取决于（　　　）。

A. 基本尺寸　　　B. 极限尺寸　　　C. 基本偏差　　　D. 标准公差

99. 尺寸标注 ϕ30H7 中 H 表示公差带中的（   ）。

    A. 基本偏差   B. 下偏差   C. 上偏差   D. 公差

100. 不完全互换性与完全互换性的主要区别在于不完全互换性（   ）。

    A. 在装配前允许有附加的选择   B. 在装配时不允许有附加的调整

    C. 在装配时允许适当的修配   D. 装配精度比完全互换性低

101. 公差与配合标准的应用主要解决（   ）。

    A. 基本偏差   B. 加工顺序   C. 公差等级   D. 加工方法

102. 有关"表面粗糙度"，下列说法不正确的是（   ）。

    A. 是指加工表面上所具有的较小间距和峰谷所组成的微观几何形状特性

    B. 表面粗糙度不会影响到机器的工作可靠性和使用寿命

    C. 表面粗糙度实质上是一种微观的几何形状误差

    D. 一般是在零件加工过程中，由于机床—刀具—工件系统的振动等原因引起的

103. Ra 数值反映了零件的（   ）。

    A. 尺寸误差   B. 表面波度   C. 形状误差   D. 表面粗糙度

104. 测量薄壁零件时，容易引起测量变形的主要原因是（   ）选择不当。

    A. 量具   B. 测量基准   C. 测量压力   D. 测量方向

105. 工件在加工过程中，因受力变形、受热变形而引起的种种误差，这类原始误差关系称为工艺系统（   ）。

    A. 动态误差   B. 安装误差   C. 调和误差   D. 逻辑误差

106. 加工时采用了近似的加工运动或近似刀具的轮廓产生的误差称为（   ）。

    A. 加工原理误差 B. 车床几何误差   C. 刀具误差   D. 调整误差

107. （   ）是由于工艺系统没有调整到正确位置而产生的加工误差。

    A. 测量误差   B. 夹具制造误差

    C. 调整误差   D. 加工原理误差

108. 一般而言，增大工艺系统的（   ）可有效地降低振动强度。

    A. 刚度   B. 强度   C. 精度   D. 硬度

109. 对于操作者来说，降低工件表面粗糙度值最容易采取的办法是（   ）。

    A. 改变加工路线 B. 提高机床精度   C. 调整切削用量   D. 调换夹具

110. 测量 M30 的螺纹的中径，应该选用照片中（   ）的螺纹千分尺。

    A. 左边的   B. 右边的

    C. 两把中任意一把   D. 两把都不可以

111. 以下不属于数控机床每日保养内容的是（   ）。

A. 各导轨面 　　　　　　　　　B. 压缩空气气源压力

C. 电气柜各散热通风装置 　　　D. 滚珠丝杠

112. 数控机床维护操作规程不包括（　　　）。

A. 机床操作规程 　　　　　　　B. 工时的核算

C. 设备运行中的巡回检查 　　　D. 设备日常保养

113. 主轴噪声增加的原因分析主要包括（　　　）。

A. 机械手转位是否准确 　　　　B. 主轴部件松动或脱开

C. 变压器有无问题 　　　　　　D. 速度控制单元有无故障

114. 造成机床气压过低的主要原因之一是（　　　）。

A. 气泵不工作 　　　　　　　　B. 气压设定不当

C. 空气干燥器不工作 　　　　　D. 气压表损坏

115. 滚珠丝杠运动不灵活的原因可能是（　　　）。

A. 滚珠丝杠的预紧力过大 　　　B. 滚珠丝杠间隙增大

C. 电动机与丝杠联轴器连接过紧　D. 润滑油不足

116. 机床液压油中混有异物会导致（　　　）现象。

A. 油量不足 　　　　　　　　　B. 油压过高或过低

C. 油泵有噪声 　　　　　　　　D. 压力表损坏

117. 数控机床精度检验中，（　　　）是机床关键零、部件经组装后的综合几何形状误差。

A. 定位精度

B. 切削精度

C. 几何精度

D. 定位精度、切削精度、几何精度都是

118. 检测工具的精度必须比所测的几何精度（　　　）个等级。

A. 高一　　　　　B. 低七　　　　　C. 低三　　　　　D. 低四

119. 机床的（　　　）是在重力、夹紧力、切削力、各种激振力和温升综合作用下的精度。

A. 几何精度　　　B. 运动精度　　　C. 传动精度　　　D. 工作精度

120. 对于卧式数控车床而言，其单项切削精度分别为（　　　）精度。

A. 外圆切削、内圆切削和沟槽切削

B. 内圆切削、端面切削和沟槽切削

C. 圆弧面切削、端面切削和外圆切削

D. 外圆切削、端面切削和螺纹切削

二、判断题（第 121 题～第 140 题。将判断结果填入括号中，正确的填√，错误的填×。每题 1 分，共 20 分。）

121. （　　　）职业道德对企业起到增强竞争力的作用。

122. （　　　）职业道德修养要从培养自己良好的行为习惯着手。

123. （　　　）开拓创新是企业生存和发展之本。

124. （　　） 具有竞争意识而没有团队合作的员工往往更容易获得成功的机会。

125. （　　） 曲轴的功能是实现往复运动和旋转运动间转换。

126. （　　） 滚珠丝杠属于螺旋传动机构里的滑动螺旋机构。

127. （　　） 常用的润滑剂是润滑油和润滑脂。

128. （　　） PLC内部元素的触点和线圈的连接是由程序来实现的。

129. （　　） 热继电器动作后，当测量元件温度恢复常态会自动复位。

130. （　　） 当终止脉冲信号输入时，步进电动机将立即无惯性地停止运动。

131. （　　） 机床电气控制线路必须有过载、短路、欠压、失压保护。

132. （　　） 数控机床的最主要特点是自动化。

133. （　　） 伺服系统的性能，不会影响数控机床加工零件的表面粗糙度值。

134. （　　） 不带有位置检测反馈装置的数控系统称为开环系统。

135. （　　） 采用半闭环伺服系统的数控机床不需要反向间隙补偿。

136. （　　） 滚珠丝杠副由于不能自锁，故在垂直安装应用时需添加平衡或自锁装置。

137. （　　） 一般情况下多以抗压强度作为判断金属强度高低的指标。

138. （　　） 切削加工金属材料的难易程度称为切削加工性能。

139. （　　） 中碳合金钢表面淬火容易淬裂。

140. （　　） 在金属切削过程中都会产生积屑瘤。

三、多项选择（第141题~第180题。选择正确的答案，将相应的字母填入题内的括号中。每题0.5分，共20分。）

141. 在数控技术中"position"可翻译为（　　）。
    A. 放置　　　　　　B. 位置　　　　　　C. 定位
    D. 显示　　　　　　E. 移动

142. 机械传动中属于摩擦传动的是（　　）。
    A. 摩擦轮传动　　　B. 齿轮传动　　　　C. 蜗杆传动
    D. 带传动　　　　　E. 链传动

143. 外圆表面加工主要采用（　　）等方法。
    A. 车削　　　　　　B. 磨削　　　　　　C. 铣削
    D. 刮研　　　　　　E. 研磨

144. 装配图零件序号正确的编排方法包括（　　）。
    A. 序号标在零件上
    B. 指引线必须从零件轮廓上引出
    C. 指引线可以是曲线
    D. 一组紧固件可以用公共指引线
    E. 多处出现的同一零件允许重复采用相同的序号标志

145. 看装配图时，通过明细表可以知道（　　）。
    A. 标准件的名称　　B. 标准件的数量　　C. 标准件的材料
    D. 专用件的材料　　E. 专用件的数量

146. 图中表示滚子轴承的是（　　）。

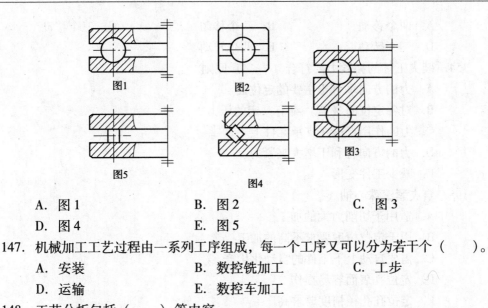

A. 图 1   B. 图 2   C. 图 3

D. 图 4   E. 图 5

147. 机械加工工艺过程由一系列工序组成, 每一个工序又可以分为若干个 (　　)。

     A. 安装   B. 数控铣加工   C. 工步

     D. 运输   E. 数控车加工

148. 工艺分析包括 (　　) 等内容。

     A. 零件图样分析   B. 确定加工方法   C. 安排加工路线

     D. 选择机床   E. 选择刀夹具

149. 数控加工工序集中的特点是 (　　)。

     A. 减少了设备数量   B. 减少了工序数目   C. 增加了加工时间

     D. 增加了装夹次数   E. 提高了生产率

150. 安排在机械加工前的热处理工序有 (　　)。

     A. 正火   B. 退火   C. 时效处理

     D. 渗碳   E. 高频淬火

151. 如图所示的台阶轴, 其中阴影部分是工件端面加工时需去除的材料, 则各工序余量分别是 (　　)。

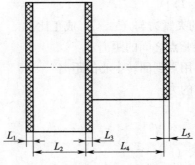

A. L_1 B. L_2 C. L_3

D. L_4 E. L_5

152. 切削加工时, 切削速度的选择要受 (　　) 的限制。

     A. 机床功率   B. 工艺系统刚度   C. 工件材料

     D. 刀具寿命   E. 工序基准的选择

153. 三爪卡盘夹持工件限制了 (　　)。

A. 两个移动　　　　B. 一个移动　　　　C. 三个移动
D. 三个转动　　　　E. 两个转动

154. 装夹工件的夹紧力要符合（　　）原则。
　　A. 力的方向垂直于主要的定位面
　　B. 对各定位面（点）都有一定的压力
　　C. 力的作用点落在支承元件上
　　D. 力的方向有利于增大夹紧力
　　E. 减少工件变形

155. 自夹紧滚珠心轴（　　）。
　　A. 适用于切削力大的加工
　　B. 用于定位精度要求不高的加工
　　C. 需要自动上下工件的自动化生产
　　D. 定位孔表面容易损伤
　　E. 定位孔孔径精度要求高

156. 产生基准位移误差的原因包括（　　）。
　　A. 定位表面和定位元件之间有间隙
　　B. 工件定位面的误差
　　C. 工件定位面选择不当
　　D. 定位机构误差
　　E. 定位元件误差

157. 一工件以外圆在 V 形块上定位，V 形块的角度是 α。工件直径公差为 T_s，上偏差 es，下偏差 ei。工件在垂直于 V 形块底面方向的定位误差是（　　）。
　　A. $T_s/\sin(\alpha/2)$　　　　B. $T_s/[2*\sin(\alpha/2)]$
　　C. $T_s/(\sin\alpha/2)$　　　　D. $(es-ei)/[2*\sin(\alpha/2)]$
　　E. $T_s/[2*\cos(\alpha/2)]$

158. 圆偏心夹紧机构的夹紧力与（　　）成正比。
　　A. 回转中心到夹紧点之间的距离
　　B. 手柄上力的作用点到回转中心的距离
　　C. 作用在手柄上的力
　　D. 偏心升角
　　E. 夹紧行程

159. 切削高温合金要求（　　）。
　　A. 较大的前角　　　B. 良好的排屑　　　C. 较小的吃刀深度
　　D. 刀具前、后面较小的粗糙度值　　　E. 较好的机床刚度

160. 金刚石砂轮适用于（　　）刀具材料的磨削。
　　A. 高速钢　　　B. 碳素工具钢　　　C. 硬质合金
　　D. 立方氮化硼　　　E. 聚晶金刚石

161. 机械夹固式车刀的刀片夹固方式要满足（　　）。

A. 刀片位置可调　　　　　B. 操作简便　　　　　　C. 定位精度高

D. 排屑流畅　　　　　　　E. 夹紧力大

162. 立方氮化硼（CBN）刀具适于加工（　　）。

A. 高硬度淬火钢　　　　　B. 高速钢（HRC62）　　C. 铝合金

D. 铜合金　　　　　　　　E. 高硬度工具钢

163. 可转位车刀符号中（　　）表示主偏角90°的端面车刀刀杆。

A. A　　　　B. B　　　　　C. G　　　　　D. C　　　　　E. F

164. 楔销式可转位车刀的特点是（　　）。

A. 夹紧力大　　　　　　　B. 定位精度高　　　　　C. 夹紧时刀片易翘起

D. 夹紧和松开迅速　　　　E. 刀片转位费事

165. 计算机辅助设计的产品模型包括（　　）。

A. 线框模型　　　　　　　B. 面模型　　　　　　　C. 实体模型

D. 特征模型　　　　　　　E. 参数造型

166. 等高线加工方法中参数（　　）与所选刀具有关。

A. 加工余量　　　　　　　B. 推刀高度　　　　　　C. 层间高度

D. 刀轨间距　　　　　　　E. 切削参数

167. 计算机辅助编程生成的刀具轨迹包括了（　　）。

A. G 代码　　　　　　　　B. 刀位点位置信息　　　C. M 辅助代码

D. 刀具控制信息　　　　　E. 装夹信息

168. 在数控系统的参数表中（　　）的实际作用是相同的。

A. 刀尖半径值　　　　　　B. 刀尖方位号　　　　　C. 刀具位置偏置值

D. 刀具位置磨耗补偿值　　E. G54 中的偏移值

169. 单步运行用于（　　）。

A. 检查数控程序格式是否有错误

B. 检查程序运行过程中的重点部位

C. 定位程序中的错误

D. 首件加工

E. 短小程序运行

170. 车削细长轴的加工特点是（　　）。

A. 振动大　　　　　　　　B. 易发生弯曲　　　　　C. 刀具磨损大

D. 排屑不易　　　　　　　E. 使用辅助夹具要求高

171. 合理选择车刀的几何形状可以降低径向切削力，防止细长轴变形，主要方法有（　　）。

A. 减小主偏角　　　　　　B. 增大前角　　　　　　C. 增大后角

D. 减小刀尖圆弧　　　　　E. 减少倒棱宽度

172. 加工薄壁零件产生变形的因素有（　　）。

A. 夹紧力　　　　　　　　B. 切削力　　　　　　　C. 切削热

D. 刀具刚度　　　　　　　E. 夹具刚度

173. 采用四爪卡盘上复合三爪卡盘装夹、车削偏心工件的特点是（　　）。
   A. 不必每个工件都调整　　B. 尺寸精度高　　　　C. 主轴转速要低些
   D. 工件装夹困难　　　　E. 可以加工较长的工件

174. 减小车削表面粗糙度的主要方法有（　　）。
   A. 减小进给速度　　　　　B. 尽可能小的精加工余量
   C. 防止出现积屑瘤　　　　D. 加大刀尖半径　　　E. 减少振动

175. （　　）为管螺纹。
   A. G3/4　　　　　　　B. Rc3/4　　　　　C. Z3/8
   D. M30×2　　　　　　E. Tr30×6

176. 克服车削梯形螺纹中振动的方法包括（　　）。
   A. 加大两侧切削刃的前角　　　　B. 加强装夹的刚度
   C. 改变进刀方法　　　　　　　D. 改变刀杆的结构
   E. 选择合适的切削参数

177. 下面的孔中，（　　）是深孔。
   A. $\phi10$ mm×30 mm 的孔
   B. $\phi20$ mm×120 mm 的孔
   C. $\phi30$ mm×120 mm 的孔
   D. $\phi40$ mm×230 mm 的孔
   E. $\phi50$ mm×300 mm 的孔

178. 深孔加工时（　　）。
   A. 排屑困难　　　　　B. 需要特殊刀具和特殊附件
   C. 加工难度较大　　　D. 散热困难　　　　E. 测量方便

179. 深孔钻加工时着重要解决（　　）等问题。
   A. 排屑　　　　　　　B. 刀具的刚度　　　　C. 冷却
   D. 散热　　　　　　　E. 测量方便

180. 小直径深孔铰刀的加工特点是（　　）。
   A. 适用于小直径深孔精加工
   B. 一般先用中心钻定位，再钻孔和扩孔，然后进行铰孔
   C. 铰孔时切削液要浇注在切削区域
   D. 铰孔的精度主要决定于铰刀的尺寸
   E. 铰刀的刚性比内孔车刀好，因此更适合加工小深孔

理论知识考试模拟试卷（一）参考答案

一、单项选择题

1. B	2. B	3. A	4. B	5. C	6. C	7. C	8. C
9. C	10. A	11. C	12. D	13. C	14. C	15. C	16. B
17. C	18. B	19. B	20. B	21. A	22. C	23. A	24. D
25. B	26. B	27. C	28. B	29. B	30. D	31. A	32. C
33. D	34. D	35. B	36. C	37. B	38. D	39. B	40. C
41. B	42. B	43. B	44. B	45. B	46. C	47. A	48. D
49. B	50. A	51. B	52. B	53. C	54. A	55. D	56. D
57. A	58. B	59. A	60. B	61. D	62. A	63. D	64. A
65. A	66. C	67. A	68. A	69. C	70. B	71. B	72. B
73. B	74. B	75. C	76. B	77. C	78. C	79. B	80. C
81. A	82. C	83. A	84. A	85. B	86. C	87. B	88. A
89. C	90. A	91. A	92. B	93. A	94. B	95. A	96. C
97. C	98. A	99. C	100. D	101. A	102. C	103. A	104. D
105. D	106. C	107. A	108. C	109. A	110. B	111. B	112. C
113. A	114. B	115. B	116. B	117. C	118. D	119. C	120. D

二、判断题

121. ×	122. √	123. ×	124. ×	125. ×	126. √	127. √	128. ×
129. √	130. √	131. ×	132. √	133. √	134. √	135. ×	136. √
137. ×	138. ×	139. ×	140. √				

三、多项选择题

141. BCDE	142. AD	143. CDE	144. BCDE	145. ABE
146. ABCDE	147. ABC	148. ABCD	149. ABCD	150. AE
151. BC	152. BE	153. ADE	154. ACD	155. ACD
156. ABDE	157. CDE	158. BD	159. AC	160. ABCD
161. ACD	162. ADE	163. ABC	164. ACD	165. ACD
166. ABE	167. ACDE	168. AE	169. AE	170. ABCD
171. BCE	172. CDE	173. BCDE	174. ABCE	175. BE
176. CD	177. BCD	178. ACDE	179. ABE	180. BCD

理论知识考试模拟试卷（二）参考答案

一、单项选择题

1. D　　2. B　　3. A　　4. D　　5. B　　6. C　　7. C　　8. C
9. C　　10. A　　11. B　　12. A　　13. A　　14. C　　15. C　　16. B
17. C　　18. D　　19. D　　20. A　　21. B　　22. D　　23. B　　24. B
25. D　　26. D　　27. C　　28. A　　29. B　　30. B　　31. B　　32. A
33. B　　34. B　　35. C　　36. B　　37. A　　38. A　　39. B　　40. A
41. A　　42. A　　43. C　　44. D　　45. A　　46. C　　47. B　　48. D
49. C　　50. C　　51. C　　52. D　　53. B　　54. C　　55. C　　56. B
57. C　　58. B　　59. D　　60. D　　61. B　　62. D　　63. B　　64. D
65. B　　66. D　　67. A　　68. B　　69. B　　70. D　　71. B　　72. C
73. A　　74. C　　75. D　　76. B　　77. C　　78. B　　79. B　　80. B
81. A　　82. D　　83. A　　84. A　　85. A　　86. B　　87. D　　88. B
89. C　　90. B　　91. B　　92. B　　93. D　　94. B　　95. A　　96. D
97. B　　98. C　　99. A　　100. A　　101. C　　102. B　　103. D　　104. C
105. A　　106. A　　107. C　　108. A　　109. C　　110. A　　111. B　　112. B
113. B　　114. B　　115. A　　116. B　　117. C　　118. A　　119. D　　120. D

二、判断题

121. √　　122. √　　123. √　　124. ×　　125. √　　126. ×　　127. √　　128. √
129. ×　　130. √　　131. √　　132. ×　　133. ×　　134. √　　135. ×　　136. √
137. ×　　138. √　　139. ×　　140. ×

三、多项选择题

141. BC　　142. AD　　143. AB　　144. DE　　145. ABDE
146. DE　　147. AC　　148. ABCDE　　149. ABE　　150. ABC
151. ACE　　152. ABCD　　153. AE　　154. ABCE　　155. AC
156. ABDE　　157. BD　　158. BC　　159. ABDE　　160. DE
161. BCDE　　162. ABE　　163. DE　　164. ACDE　　165. ABCD
166. DE　　167. BD　　168. CD　　169. BC　　170. ABDE
171. ADE　　172. ABC　　173. ABC　　174. ACDE　　175. ABC
176. ABCE　　177. BDE　　178. ABCD　　179. ABCD　　180. ABCDE

第三部分 操作技能考核试题

【试题1】 轴类配合零件加工

一、考核准备

1. 考场准备

(1) 材料准备

名称	规格	数量	要求
45钢	$\phi50$ mm×45 mm，$\phi50$ mm×110 mm	各1件/每位考生	

(2) 设备准备

名称	规格	数量	要求
数控车床	根据考点情况选择		
三爪自定心卡盘	对应工件	1副/每台机床	
三爪自定心卡盘扳手		1副/每台机床	

2. 考生准备

序号	名称	规格	数量	要求
1	外圆粗车刀	90°~93°	1	
2	外圆精车刀	90°~93°，35°菱形刀片	1	
3	钻头及刀柄	$\phi25$ mm	1	
4	外螺纹车刀	M30×1.5	1	
5	内孔车刀	$\phi24$ mm	1	

序号	名称	规格	数量	要求
6	平板锉刀		1	
7	薄铜皮	0.05 ~ 0.1 mm	1	
8	百分表	分度值 0.01 mm	1	
9	游标卡尺	0.02 mm/0 ~ 200 mm	1	
10	游标深度尺	0.02 mm/0 ~ 200 mm	1	
11	磁性表座		1	
12	螺纹环规	M30 × 1.5	1	
13	计算器		1	
14	草稿纸		若干	

二、注意事项

1. 本题依据 2005 年颁发的《数控车工》国家职业标准命制。

2. 请根据试题考核要求，完成考试内容。

3. 请服从考评人员指挥，保证考核安全顺利进行。

三、考核要求

1. 本题分值：100 分。

2. 考核时间：240 min。

3. 考核形式：实际操作。

4. 具体考核要求：根据零件图样完成加工。

5. 否定项说明：

（1）出现危及考生或他人安全的状况将中止考试，若是由考生操作失误所致，则该考生该题成绩记零分。

（2）因考生操作失误所致，导致设备故障且当场无法排除将中止考试，该考生该题成绩记零分。

（3）因刀具、工具损坏而无法继续应中止考试。

四、试题零件图

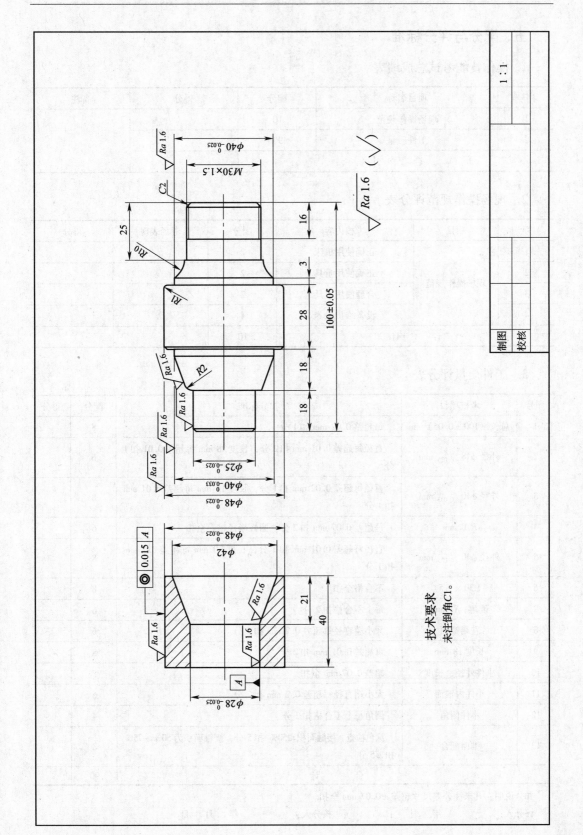

技术要求
未注倒角C1。

1 : 1

制图

校核

五、配分与评分标准

1. 操作技能考试总成绩表

序号	项目名称	配分	得分	备注
1	现场操作规范	10		
2	工件质量	90		
合　计				

2. 现场操作规范评分表

序号	项目	考核内容	配分	考场表现	得分
1		正确使用机床	2		
2	现场操作规范	正确使用量具	2		
3		合理使用刀具	2		
4		设备维护保养	4		
合　计			10		

3. 工件质量评分表

序号	考核项目	扣分标准	配分	得分
1	总长（100±0.05）mm	每超差 0.02 mm 扣 1 分	8	
2	外径 $\phi48_{-0.025}^{0}$ mm	直径每超差 0.01 mm 扣 2 分，长度 28 mm 每超差 0.01 扣 1 分	6	
3	外径 $\phi40_{-0.033}^{0}$ mm	直径每超差 0.02 mm 扣 1 分，长度 18 mm 每超差 0.01 mm 扣 1 分	8	
4	R10 mm	每超差 0.07 mm 扣 2 分，圆弧半径错误全扣	6	
5	外径 $\phi40_{-0.025}^{0}$ mm	直径每超差 0.01 mm 扣 1 分，长度 30 mm 每超差 0.2 mm 扣 1 分	8	
6	M30×1.5	不合格全扣	8	
7	倒角、R1 mm	每个不合格扣 2 分	6	
8	左端锥面	大小端直径每超差 0.2 mm 扣 2 分	6	
9	长度 18 mm	每超差 0.01 mm 扣 2 分	8	
10	小件外径、长度	超差 0.07 mm 全扣	8	
11	小件内锥面	大小端直径每超差 0.2 mm 扣 2 分	6	
12	小件倒角	倒角每个不合格扣 2 分	4	
13	锥面配合	涂色检查，接触面积≤50% 扣 5 分，接触面积为 50%～75% 扣 2.5 分	8	
合　计			90	

扣分说明：凡未注公差尺寸超差 ±0.07 mm 全扣。

评分人：　　　年　月　日　　　　核分人：　　　年　月　日

六、工艺分析

1. 解读零件图

从零件图中可知，此考件为两件配合件，一件是轴件一件是套件。其中包含了外径、圆弧、内外圆锥及配合、螺纹等加工内容。

2. 加工及编程顺序

从零件图分析，两个零件中的轴相对复杂，而套相对简单。所以先加工轴再加工套。

（1）根据轴的结构，先加工轴的右端部分，包括右端 M30×1.5 螺纹、$\phi40_{-0.025}^{0}$ mm 外径、$R10$ mm 以及 $\phi48_{-0.025}^{0}$ mm 外径。加工时可先采用外圆粗车复合循环完成粗加工，再进行精加工，最后进行螺纹加工。

（2）掉头加工轴的左端部分，保证总长（100 ± 0.05）mm，包括锥面、$\phi40_{-0.033}^{0}$ mm、$\phi25_{-0.025}^{0}$ mm 外径。加工时可先采用内外圆粗车复合循环完成粗加工，然后再进行精加工。

（3）套的加工根据开料，可一次装夹完成包括钻孔、$\phi48_{-0.025}^{0}$ mm 外径、内锥面及配合车削、$\phi28_{-0.025}^{0}$ mm 内孔以及切断等内容的加工。同样，内孔可先采用 G71 内外圆粗车复合循环完成粗加工，然后再进行精加工。

（4）掉头取套件的总长。

3. 装夹及定位方式

工件编程坐标原点定位在工件右端面与工件轴线的交点上，采用三爪自定心卡盘装夹工件。工件在掉头装夹时必须要按图样标注的几何公差要求进行找正，以保证加工后零件的几何公差要求。

4. 刀具选用

根据考件的形状和结构，合理选用以下类型的刀具进行加工。

序号	加工内容	刀具名称
1	外轮廓	90°外圆右偏刀
2	钻孔	$\phi26$ mm 麻花钻
3	内孔、内锥面	90°内孔刀
4	外螺纹	60°外三角螺纹刀
5	切断	外切断刀（3 mm）

七、操作解析

序号	加工内容及要求	加工程序代码	加工状态
1		T0101 M3 S800（外圆刀）； G0 X100 Z100 M8 G98； G0 X52 Z3；	

序号	加工内容及要求	加工程序代码	加工状态
1	先加工轴的右端部分，包括右端 M30×1.5 螺纹、$\phi40_{-0.025}^{0}$ mm 外径、$R10$ mm 以及 $\phi48_{-0.025}^{0}$ mm 外径，加工到图样尺寸要求	G71 U1.5 R0.5； G71 P1 Q2 U0.3 W0.02 F150； N1 G0 X0； G1 Z0 F120； X26； X29.8 W−2； Z−25； X32； G02 X40 W−8 R10； G1 W−3； X46； G03 X48 W−1 R1； G1 Z−66； N2 X52； G0 X100 Z100； T0101 M3 S1600； G0 X52 Z3； G70 P1 Q2； G0 X100 Z100； M5； M0； T0202 M3 S200（螺纹刀）； G0 X100 Z100； X31 Z2； G92 X29.3 Z−16 F1.5； X28.9； X28.6； X28.4； X28.3； X28.2； X28.1； X28.05； G0 X100； Z100； M30；	
2		T0101 M3 S800（外圆刀）； G0 X100 Z100 M8 G98； G0 X52 Z3； G71 U1 R0.5； G71 P3 Q4 U0.3 W0.02 F150；	

序号	加工内容及要求	加工程序代码	加工状态
2	工件掉头，加工轴的左端部分，保证工件总长（100±0.05）mm，包括锥面、$\phi 40_{-0.033}^{0}$ mm、$\phi 25_{-0.025}^{0}$ mm 外径加工到图样尺寸要求	N3 G0 X0； G1 Z0 F120； X23； X25 W－1； Z－18； X27.12； G03 X30.96 W－1.37 R2； G1 X40 W－15； W－3； X46； X48 W－1； N4 X52； G0 X100 Z100； T0101 M3 S1600； G0 X52 Z3； G70 P3 Q4； G0 X100 Z100； M30；	
3	加工套的外轮廓，保证 $\phi 48_{-0.025}^{0}$ mm 外径，倒角到图样尺寸要求	T0101 M3 S1000（外圆刀）； G0 X100 Z100 M8 G98； G0 X48 Z3； G1 Z0 F100； Z－45； X51； G0 X100； Z100； M30；	
4	加工套的内轮廓，保证内孔 $\phi 28_{-0.025}^{0}$ mm 尺寸、保证内锥面与轴的外锥面接触面积达到图样要求	T0303 M3 S800（内孔刀）； G0 X100 Z100 M8 G98； X23 Z2； G71 U1 R0.5； G71 P5 Q6 U－0.3 W0 F100； N5 G0 X42； G1 Z0 F80； X28 W－21； Z－42； N6 X23； G0 Z100；	

序号	加工内容及要求	加工程序代码	加工状态
4		T0303 M3 S1600; G0 X23 Z2; G70 P5 Q6; G0 Z100; X100; M30;	
5	切断工件，保证套的总长40 mm	T0404 M3 S300（切断刀）; G0 X100 Z100; G0 X52 Z−43; G1 X25 F20; G0 X100; Z100; M30;	$\phi28^{\ 0}_{-0.025}$　$\phi42$ 21 40
6	掉头倒角，完成全部加工		

【试题 2】 轴类配合零件加工

一、考核准备

1. 考场准备

(1) 材料准备

名称	规格	数量	要求
45 钢	$\phi50$ mm $\times60$ mm, $\phi50$ mm $\times110$ mm	各 1 件/每位考生	

(2) 设备准备

名称	规格	数量	要求
数控车床	根据考点情况选择		
三爪自定心卡盘	对应工件	1 副/每台机床	
三爪自定心卡盘扳手		1 副/每台机床	

2. 考生准备

序号	名称	规格	数量	要求
1	外圆粗车刀	90°~93°	1	
2	外圆精车刀	90°~93°，35°菱形刀片	1	
3	钻头及刀柄	ϕ25 mm	1	
4	外螺纹车刀	M30×1.5	1	
5	内孔车刀	ϕ24 mm	1	
6	平板锉刀		1	
7	薄铜皮	0.05~0.1 mm	1	
8	百分表	分度值0.01 mm	1	
9	游标卡尺	0.02 mm/0~200 mm	1	
10	游标深度尺	0.02 mm/0~200 mm	1	
11	磁性表座		1	
12	螺纹环规	M30×1.5	1	
13	计算器		1	
14	草稿纸		若干	

二、注意事项

1. 本题依据2005年颁发的《数控车工》国家职业标准命制。
2. 请根据试题考核要求，完成考试内容。
3. 请服从考评人员指挥，保证考核安全顺利进行。

三、考核要求

1. 本题分值：100分。
2. 考核时间：240 min。
3. 考核形式：实际操作。
4. 具体考核要求：根据零件图样完成加工。
5. 否定项说明：

（1）出现危及考生或他人安全的状况将中止考试，若是由考生操作失误所致，则该考生该题成绩记零分。

（2）因考生操作失误所致，导致设备故障且当场无法排除将中止考试，该考生该题成绩记零分。

（3）因刀具、工具损坏而无法继续应中止考试。

四、试题零件图

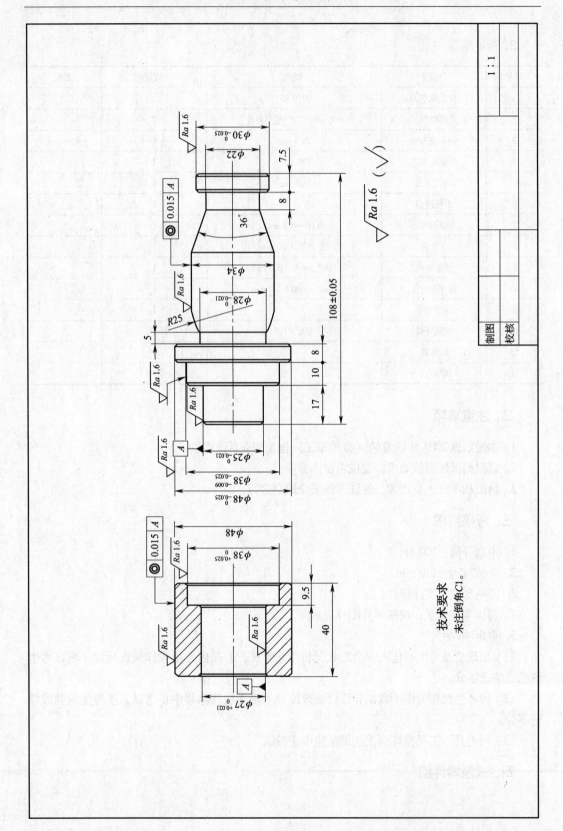

技术要求
未注倒角C1。

五、配分与评分标准

1. 操作技能考试总成绩表

序号	项目名称	配分	得分	备注
1	现场操作规范	10		
2	工件质量	90		
合　计				

2. 现场操作规范评分表

序号	项目	考核内容	配分	考场表现	得分
1		正确使用机床	2		
2	现场操作规范	正确使用量具	2		
3		合理使用刀具	2		
4		设备维护保养	4		
合　计			10		

3. 工件质量评分表

序号	考核项目	扣分标准	配分	得分
1	总长（108±0.05）mm	每超差0.02 mm扣1分	8	
2	外径$\phi48_{-0.025}^{0}$ mm	直径每超差0.01 mm扣2分，长度8 mm每超差0.01扣1分	6	
3	外径$\phi38_{-0.025}^{-0.009}$ mm	直径每超差0.02 mm扣1分，长度10 mm每超差0.01 mm扣1分	8	
4	圆弧R25 mm	每超差0.07 mm扣2分，圆弧半径错误全扣	6	
5	外径$\phi25_{-0.021}^{0}$ mm	直径每超差0.01 mm扣1分，长度17 mm每超差0.2 mm扣1分	8	
6	外径$\phi30_{-0.025}^{0}$ mm	直径每超差0.01 mm扣1分，长度7.5 mm每超差0.2 mm扣1分	8	
7	倒角C1 mm	倒角每个不合格扣2分	6	
8	外径$\phi28_{-0.021}^{0}$ mm	大小端直径每超差0.2 mm扣2分	6	
9	外径$\phi34$ mm	每超差0.01 mm扣2分	8	
10	小件外径、长度	超差0.07 mm全扣	8	
11	小件内径$\phi38_{0}^{+0.025}$ mm	直径每超差0.01 mm扣1分，长度9.5 mm每超差0.2 mm扣1分	6	
12	小件内径$\phi27_{0}^{+0.021}$ mm	直径每超差0.01 mm扣1分	8	
13	小件倒角	倒角每个不合格扣2分	4	
合　计			90	

扣分说明：凡未注公差尺寸超差±0.07 mm全扣。

评分人：　　年 月 日　　　核分人：　　　年 月 日

六、工艺分析

1. 解读零件图

从零件图中可知，此考件为两件配合件，一件是轴件一件是套件。其中包含了外径、圆弧、内外圆锥及配合等加工内容。

2. 加工及编程顺序

从零件图分析，两个零件中的轴相对复杂，而套相对简单。所以先加工轴再加工套。

（1）根据轴的结构，先加工轴的左端部分，包括左端 $\phi 48_{-0.025}^{0}$ mm、$\phi 38_{-0.025}^{-0.009}$ mm、$\phi 25_{-0.021}^{0}$ mm 外径，倒角。加工时可先采用外圆粗车复合循环完成粗加工，然后再进行精加工。

（2）掉头加工轴的右端部分，保证总长（108±0.05）mm，包括圆弧面 R25 mm、锥度、$\phi 30_{-0.025}^{0}$ mm、$\phi 28_{-0.021}^{0}$ mm、$\phi 34$ mm 外径，切外槽 8 mm × $\phi 22$ mm。加工时可先采用内外圆粗车复合循环完成粗加工，然后再进行精加工。

（3）套的加工根据开料，可一次装夹完成包括钻孔、$\phi 38_{0}^{+0.025}$ mm、$\phi 27_{0}^{+0.021}$ mm 内径、长度 9.5 mm、倒角以及切断等内容的加工。同样，内孔可先采用 G71 内外圆粗车复合循环完成粗加工，然后再进行精加工。

（4）掉头取套件的总长。

3. 装夹及定位方式

工件编程坐标原点定位在工件右端面与工件轴线的交点上，采用三爪自定心卡盘装夹工件。工件在掉头装夹时必须要按图样标注的几何公差要求进行找正，以保证加工后零件的几何公差要求。

4. 刀具选用

根据考件的形状和结构，合理选用以下类型的刀具进行加工。

序号	加工内容	刀具名称
1	外轮廓	90°外圆右偏刀
2	钻孔	$\phi 26$ mm 麻花钻
3	内孔、内锥面	90°内孔刀
4	外螺纹	60°外三角螺纹刀
5	切断	外切断刀（3 mm）

七、操作解析

序号	加工内容及要求	加工程序代码	加工状态
1		T0101 M3 S800（90°外圆刀）； G0 X100 Z100 M8 G98； G0 X52 Z3； G71 U1 R0.5；	

序号	加工内容及要求	加工程序代码	加工状态
1	先加工轴的左端部分，包括左端 $\phi48_{-0.025}^{0}$ mm、$\phi38_{-0.025}^{-0.009}$ mm、$\phi25_{-0.021}^{0}$ mm 外径，倒角，加工到图样尺寸要求	G71 P1 Q2 U0.3 W0.02 F150； N1 G0 X0； G1 Z0 F120； X23； X25 W−1； Z−17； X36； X38 W−1； Z−27； X46； X48 W−1； Z−36； N2 X52； G0 X100 Z100； T0101 M3 S1600； G0 X52 Z3； G70 P1 Q2； G0 X100 Z100； M5； M0； M30；	
2	工件掉头，加工轴的右端部分，保证总长（108±0.05）mm，包括圆弧面 $R25$ mm、$\phi28_{-0.021}^{0}$ mm、$\phi34$ mm、$\phi30_{-0.025}^{0}$ mm 外径，切外槽 8 mm×$\phi22$ mm，加工到图样尺寸要求	T0202 M3 S800（30°尖刀）； G0 X100 Z100 M8 G98； G0 X52 Z3； G73 U23 W0 R20； G73 P3 Q4 U0.3 W0.02 F150； N3 G0 X0； G1 Z0 F120； X28； X30 W−1； Z−7.5； X22 W−8； X34 Z−34； Z−56.13； G03 X28 W−11.87 R25； G1 Z−73； X46； X48 W−1； N4 X52； G0 X100 Z100；	

序号	加工内容及要求	加工程序代码	加工状态
2		T0202 M3 S1600； G0 X52 Z3； G70 P3 Q4； G0 X100 Z100； M5； M0； T0303 M3 S400（3cm 切槽刀）； G0 X100 Z100 M8 G98； G0 X32 Z－15.5； G1 X22.1 F80； G0 X32； Z－13； G1 X22.1； G0 X32； Z－11； G1 X22.1； G0 X32； Z－9.5； G1 X30； X28 Z－10.5； X22； Z－15.5； G0 X100； Z100； M5； M0； M30；	
3	加工套的外轮廓，保证 ϕ48 mm 外径，倒角到图样尺寸要求	T0101 M3 S800； G0 X100 Z100 M8 G98； G0 X52 Z3； G71 U1 R0.5； G71 P5 Q6 U0.3 W0.02 F130； N5 G0 X20； G1 Z0 F120； X46； X48 W－1； Z－41； N6 X52； G0 X100 Z100； T0101 M3 S1600；	

序号	加工内容及要求	加工程序代码	加工状态
3		G0 X52 Z3； G70 P5 Q6； G0 X100 Z100； M30；	
4	加工套的内轮廓，保证内孔 $\phi38^{+0.025}_{0}$ mm、$\phi27^{+0.021}_{0}$ mm 尺寸、长度 9.5 mm 达到图样要求	T0404 M3 S600（90° 镗孔刀）； G0 X100 Z100 M8 G95； G0 X23 Z2； G71 U1 R0.5； G71 P7 Q8 U-0.3 W0 F100； N7 G0 X40； G1 Z0 F80； X38 W-1； Z-9.5； X29； X27 W-1； Z-41； N8 X23； G0 Z100； T0404 M3 S1000； G0 X23 Z2； G70 P7 Q8； G0 Z100； X100； M5； M0； M30；	
5	切断工件。保证套的总长 40 mm	T0404 M3 S300（切断刀）； G0 X100 Z100； G0 X52 Z-43； G1 X25 F20； G0 X100； Z100； M30；	
6	掉头倒角，完成全部加工		

【试题3】 轴类配合零件加工

一、考核准备

1. 考场准备

（1）材料准备

名称	规格	数量	要求
45 钢	ϕ50 mm×60 mm，ϕ50 mm×110 mm	各 1 件/每位考生	

（2）设备准备

名称	规格	数量	要求
数控车床	根据考点情况选择		
三爪自定心卡盘	对应工件	1 副/每台机床	
三爪自定心卡盘扳手		1 副/每台机床	

2. 考生准备

序号	名称	规格	数量	要求
1	外圆粗车刀	90°~93°	1	
2	外圆精车刀	90°~93°，35°菱形刀片	1	
3	钻头及刀柄	ϕ25 mm	1	
4	外螺纹车刀	M30×1.5	1	
5	内孔车刀	ϕ24 mm	1	
6	平板锉刀		1	
7	薄铜皮	0.05~0.1 mm	1	
8	百分表	分度值 0.01 mm	1	
9	游标卡尺	0.02 mm/0~200 mm	1	

序号	名称	规格	数量	要求
10	游标深度尺	0.02 mm/0～200 mm	1	
11	磁性表座		1	
12	螺纹环规	M30×1.5	1	
13	计算器		1	
14	草稿纸		若干	

二、注意事项

1. 本题依据 2005 年颁发的《数控车工》国家职业标准命制。

2. 请根据试题考核要求，完成考试内容。

3. 请服从考评人员指挥，保证考核安全顺利进行。

三、考核要求

1. 本题分值：100 分。

2. 考核时间：240 min。

3. 考核形式：实际操作。

4. 具体考核要求：根据零件图样完成加工。

5. 否定项说明：

（1）出现危及考生或他人安全的状况将中止考试，若是由考生操作失误所致，则该考生该题成绩记零分。

（2）因考生操作失误所致，导致设备故障且当场无法排除将中止考试，该考生该题成绩记零分。

（3）因刀具、工具损坏而无法继续应中止考试。

四、试题零件图

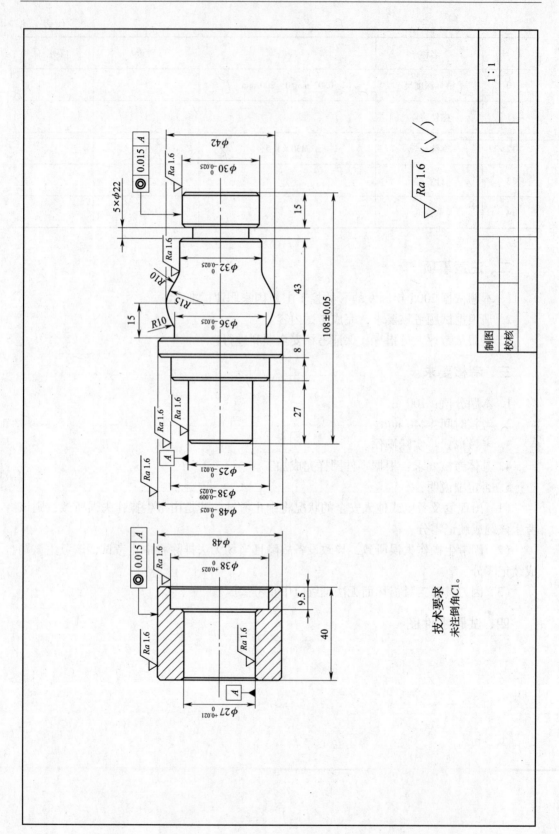

技术要求
未注倒角C1。

$$\sqrt{Ra\ 1.6}\quad(\ \sqrt{\ }\ )$$

	1:1
制图	
校核	

五、配分与评分标准

1. 操作技能考试总成绩表

序号	项目名称	配分	得分	备注
1	现场操作规范	10		
2	工件质量	90		
合　计				

2. 现场操作规范评分表

序号	项目	考核内容	配分	考场表现	得分
1	现场操作规范	正确使用机床	2		
2		正确使用量具	2		
3		合理使用刃具	2		
4		设备维护保养	4		
合　计			10		

3. 工件质量评分表

序号	考核项目	扣分标准	配分	得分
1	总长 (108 ± 0.05) mm	每超差 0.02 mm 扣 1 分	8	
2	外径 $\phi 48_{-0.025}^{0}$ mm	直径每超差 0.01 mm 扣 2 分，长度 8 mm 每超差 0.01 mm 扣 1 分	6	
3	外径 $\phi 38_{-0.025}^{-0.009}$ mm	直径每超差 0.02 mm 扣 1 分，长度 10 mm 每超差 0.01 mm 扣 1 分	8	
4	$2 \times R10$ mm、$R15$ mm	每超差 0.07 mm 扣 2 分，圆弧半径错误全扣	6	
5	外径 $\phi 25_{-0.021}^{0}$ mm	直径每超差 0.01 mm 扣 1 分，长度 27 mm 每超差 0.2 mm 扣 1 分	8	
6	外径 $\phi 30_{-0.025}^{0}$ mm	直径每超差 0.01 mm 扣 1 分，长度 15 mm 每超差 0.2 mm 扣 1 分	8	
7	倒角 $C1$ mm	倒角每个不合格扣 2 分	6	
8	外径 $\phi 32_{-0.025}^{0}$ mm	大小端直径每超差 0.2 mm 扣 2 分	6	
9	外径 $\phi 36_{-0.025}^{0}$ mm	每超差 0.01 mm 扣 2 分	8	
10	小件外径、长度	超差 0.07 mm 全扣	8	
11	小件内径 $\phi 38_{0}^{+0.025}$ mm	直径每超差 0.01 mm 扣 1 分，长度 9.5 mm 每超差 0.2 mm 扣 1 分	6	

序号	考核项目	扣分标准	配分	得分
12	小件内径 $\phi27^{+0.021}_{0}$ mm	直径每超差 0.01 mm 扣 1 分，长度 30.5 mm 每超差 0.2 mm 扣 1 分	8	
13	小件倒角	倒角每个不合格扣 2 分	4	
		合　计	90	

扣分说明：凡未注公差尺寸超差 ±0.07 mm 全扣。

评分人：　　　年 月 日　　　核分人：　　　年 月 日

六、工艺分析

1. 解读零件图

从零件图中可知，此考件为两件配合件，一件是轴件一件是套件。其中包含了外径、圆弧及内孔等加工内容。

2. 加工及编程顺序

从零件图分析，两个零件中的轴相对复杂，套相对简单。所以先加工轴再加工套。

（1）根据轴的结构，先加工轴的左端部分，包括左端 $\phi48^{0}_{-0.025}$ mm、$\phi38^{-0.009}_{-0.025}$ mm、$\phi25^{0}_{-0.021}$ mm 外径。加工时可先采用外圆粗车复合循环完成粗加工，然后再进行精加工。

（2）掉头加工轴的右端部分，保证总长（108 ± 0.05）mm，包括圆弧面 $R10$ mm、$R15$ mm、$R10$ mm、$\phi36^{0}_{-0.025}$ mm、$\phi32^{0}_{-0.025}$ mm、$\phi30^{0}_{-0.025}$ mm 外径，切外槽 5 mm × $\phi22$ mm。加工时可先采用内外圆粗车复合循环完成粗加工，然后再进行精加工。

（3）套的加工根据开料，可一次装夹完成包括钻孔、$\phi38^{+0.025}_{0}$ mm、$\phi27^{+0.021}_{0}$ mm 内径、长度 9.5 mm、倒角以及切断等内容的加工。同样，内孔可先采用 G71 内外圆粗车复合循环完成粗加工，然后再进行精加工。

（4）掉头取套件的总长。

3. 装夹及定位方式

工件编程坐标原点定位在工件右端面与工件轴心线的交点上，采用三爪自定心卡盘装夹工件。工件在掉头装夹时必须要按图样标注的几何公差要求进行找正，以保证加工后零件的几何公差。

4. 刀具选用

根据考件的形状和结构，合理选用以下类型的刀具进行加工。

序号	加工内容	刀具名称
1	外轮廓	90°外圆右偏刀
2	钻孔	$\phi26$ mm 麻花钻
3	内孔、内锥面	90°内孔刀
4	外螺纹	60°外三角螺纹刀
5	切断	外切断刀（3 mm）

七、操作解析

序号	加工内容及要求	加工程序代码	加工状态
1	先加工轴的左端部分，包括左端 $\phi48_{-0.025}^{0}$ mm、$\phi38_{-0.025}^{-0.009}$ mm、$\phi25_{-0.021}^{0}$ mm 外径，加工到图样尺寸要求	T0101 M3 S800（90°外圆刀）； G0 X100 Z100 M8 G98； G0 X52 Z3； G71 U1 R0.5； G71 P1 Q2 U0.3 W0.02 F150； N1 G0 X0； G1 Z0 F120； X23； X25 W−1； Z−27； X36； X38 W−1； Z−37； X46； X48 W−1； Z−47； N2 X52； G0 X100 Z100； T0101 M3 S1600； G0 X52 Z3； G70 P1 Q2； G0 X100 Z100； M5； M0； M30；	
2		T0202 M3 S800（30°尖刀）； G0 X100 Z100 M8 G98； G0 X52 Z3； G71 U1 R0.5； G71 P3 Q4 U0.3 W0.02 F150； N3 G0 X0； G1 Z0 F120； X28； X30 W−1； Z−20； X32 W−1； Z−32；	

序号	加工内容及要求	加工程序代码	加工状态
2	工件掉头，加工轴的右端部分，保证总长 (108±0.05) mm，包括圆弧面 $R10$ mm、$R15$ mm、$R10$ mm、$\phi36_{-0.025}^{0}$ mm、$\phi32_{-0.025}^{0}$ mm、$\phi30_{-0.025}^{0}$ mm 外径，切外槽 5 mm×$\phi22$ mm，加工到图样尺寸要求	G02 X36 W−6 R10； G03 X38.4 W−16.12 R15； G02 X36 W−4.75 R10； G1 X36 Z−63； X46； X48 W−1； N4 X52； G0 X100 Z100； T0202 M3 S1600； G0 X52 Z3； G70 P3 Q4； G0 X100 Z100； M5； M0； T0303 M3 S400（3cm 切槽刀）； G0 X100 Z100 M8 G98； G0 X33 Z−20； G1 X22.1 F80； G0 X33； Z−17； G1 X30； X28 Z−18； X22； Z−20； W0.5； G0 X100； Z100； M5； M0； M30；	
3	加工套的外轮廓，保证 $\phi48$ mm 外径，倒角到图样尺寸要求	T0101 M3 S800； G0 X100 Z100 M8 G98； G0 X52 Z3； G71 U1 R0.5； G71 P5 Q6 U0.3 W0.02 F130； N5 G0 X20； G1 Z0 F120； X46； X48 W−1；	

序号	加工内容及要求	加工程序代码	加工状态
3		Z－41； N6 X52； G0 X100 Z100； T0101 M3 S1600； G0 X52 Z3； G70 P5 Q6； G0 X100 Z100； M30；	
4	加工套的内轮廓，保证内孔 $\phi38^{+0.025}_{0}$ mm、$\phi27^{+0.021}_{0}$ mm 尺寸、长度9.5 mm 达到图样要求	T0404 M3 S600（90°镗孔刀）； G0 X100 Z100 M8 G95； G0 X23 Z2； G71 U1 R0.5； G71 P7 Q8 U－0.3 W0 F100； N7 G0 X40； G1 Z0 F80； X38 W－1； Z－9.5； X29； X27 W－1； Z－41； N8 X23； G0 Z100； T0404 M3 S1000； G0 X23 Z2； G70 P7 Q8； G0 Z100； X100； M5； M0； M30；	
5	切断工件。保证套的总长40 mm	T0404 M3 S300（切断刀）； G0 X100 Z100； G0 X52 Z－43； G1 X25 F20； G0 X100； Z100； M30；	
6	掉头倒角，完成全部加工		

177

【试题4】 轴类零件加工

一、考核准备

1. 考场准备

(1) 材料准备

名称	规格	数量	要求
45 钢	$\phi 55$ mm × 140 mm	各 1 件/每位考生	

(2) 设备准备

名称	规格	数量	要求
数控车床	根据考点情况选择		
三爪自定心卡盘	对应工件	1 副/每台机床	
三爪自定心卡盘扳手		1 副/每台机床	

2. 考生准备

序号	名称	规格	数量	要求
1	外圆粗车刀	90° ~ 93°	1	
2	外圆精车刀	90° ~ 93°，35°菱形刀片	1	
3	钻头及刀柄	$\phi 25$ mm	1	
4	外螺纹车刀	M30 × 1.5	1	
5	内孔车刀	$\phi 24$ mm	1	
6	平板锉刀		1	
7	薄铜皮	0.05 ~ 0.1 mm	1	
8	百分表	分度值 0.01 mm	1	
9	游标卡尺	0.02 mm/0 ~ 200 mm	1	

序号	名称	规格	数量	要求
10	游标深度尺	0.02 mm/0～200 mm	1	
11	磁性表座		1	
12	螺纹环规	M30×1.5	1	
13	计算器		1	
14	草稿纸		若干	

二、注意事项

1. 本题依据 2005 年颁发的《数控车工》国家职业标准命制。

2. 请根据试题考核要求，完成考试内容。

3. 请服从考评人员指挥，保证考核安全顺利进行。

三、考核要求

1. 本题分值：100 分。

2. 考核时间：240 min。

3. 考核形式：实际操作。

4. 具体考核要求：根据零件图样完成加工。

5. 否定项说明：

（1）出现危及考生或他人安全的状况将中止考试，若是由考生操作失误所致，则该考生该题成绩记零分。

（2）因考生操作失误所致，导致设备故障且当场无法排除将中止考试，该考生该题成绩记零分。

（3）因刀具、工具损坏而无法继续应中止考试。

四、试题零件图

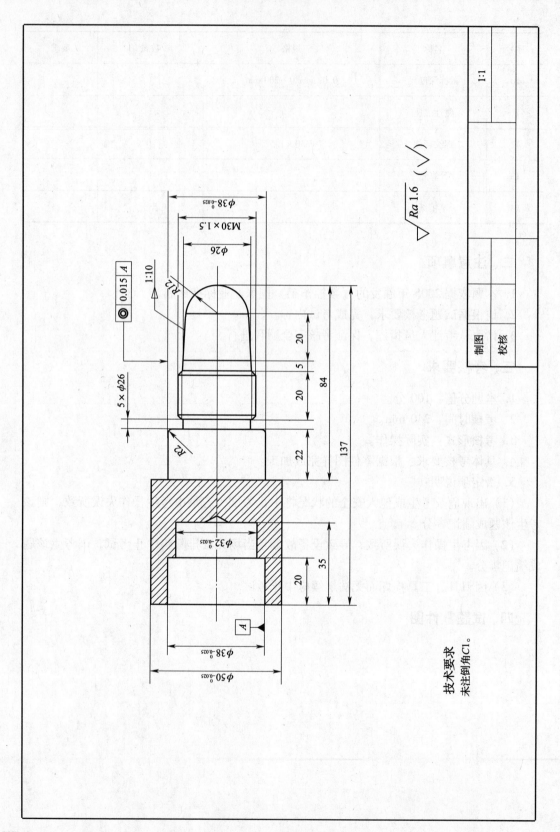

技术要求
未注倒角C1。

五、配分与评分标准

1. 操作技能考试总成绩表

序号	项目名称	配分	得分	备注
1	现场操作规范	10		
2	工件质量	90		
合　计				

2. 现场操作规范评分表

序号	项目	考核内容	配分	考场表现	得分
1	现场操作规范	正确使用机床	2		
2		正确使用量具	2		
3		合理使用刃具	2		
4		设备维护保养	4		
合　计			10		

3. 工件质量评分表

序号	考核项目	扣分标准	配分	得分
1	总长 137 mm	每超差 0.02 mm 扣 1 分	8	
2	外径 $\phi 50_{-0.025}^{0}$ mm	直径每超差 0.01 mm 扣 2 分，长度 53 mm 每超差 0.01 mm 扣 1 分	8	
3	外径 $\phi 38_{-0.025}^{0}$ mm	直径每超差 0.02 mm 扣 1 分，长度 22 mm 每超差 0.01 mm 扣 1 分	8	
4	$R2$ mm、$R12$ mm	每超差 0.07 mm 扣 2 分，圆弧半径错误全扣	6	
5	M30×1.5	每超差 0.01 mm 扣 1 分，长度 20 mm 每超差 0.2 mm 扣 1 分	8	
6	1:10 锥度	每超差 0.01 mm 扣 1 分，长度 20 mm 每超差 0.2 mm 扣 1 分	8	
7	倒角 $C1$ mm	倒角每个不合格扣 2 分	6	
8	5 mm×$\phi 26$ mm	每超差 0.2 mm 扣 2 分	6	
9	外径 $\phi 26$	每超差 0.01 mm 扣 2 分	8	
10	长度 35 mm	超差 0.07 mm 全扣	8	
11	内径 $\phi 38_{-0.025}^{0}$ mm	直径每超差 0.01 mm 扣 1 分，长度 20 mm 每超差 0.2 mm 扣 1 分	8	
12	内径 $\phi 32_{-0.025}^{0}$ mm	直径每超差 0.01 mm 扣 1 分，长度 15 mm 每超差 0.2 mm 扣 1 分	8	
合　计			90	

扣分说明：凡未注公差尺寸超差 ±0.07 mm 全扣。

评分人：　　　年 月 日　　　核分人：　　　年 月 日

六、工艺分析

1. 解读零件图

从零件图中可知，此考件为长轴件。其中包含了外径、圆弧、圆球、内外圆、外圆锥、螺纹等加工内容。

2. 加工及编程顺序

从零件图分析，此零件轴相对复杂。

（1）根据轴的结构，先加工轴的左端部分，包括左端 $\phi 50_{-0.025}^{0}$ mm 外径、$\phi 38_{-0.025}^{0}$ mm 和 $\phi 32_{-0.025}^{0}$ mm 内径，采用先钻孔，后加工的方法，保证尺寸精度。加工时可先采用外圆粗车复合循环完成粗加工，然后再进行精加工。

（2）掉头加工轴的右端部分，保证总长 137 mm，包括圆弧面 R12 mm、R2 mm、1:10 锥度、$\phi 38_{-0.025}^{0}$ mm 和 $\phi 26$ mm 外径，切槽 5 mm $\times \phi 26$ mm，再加工 M30 $\times$ 1.5 螺纹。加工时可先采用内外圆粗车复合循环完成粗加工，然后再进行精加工，最后进行螺纹加工。

3. 装夹及定位方式

工件编程坐标原点定位在工件右端面与工件轴线的交点上，采用三爪自定心卡盘装夹工件。工件在掉头装夹时必须要按图样标注的几何公差要求进行找正，以保证加工后零件的几何公差。

4. 刀具选用

根据考件的形状和结构，合理选用以下类型的刀具进行加工。

序号	加工内容	刀具名称
1	外轮廓	90°外圆右偏刀
2	钻孔	$\phi 26$ mm 麻花钻
3	内孔、外锥面	90°内孔刀
4	外螺纹	60°外三角螺纹刀
5	切断	外切断刀（3 mm）

七、操作解析

序号	加工内容及要求	加工程序代码	加工状态
1		T0101 M3 S800（90°外圆刀）； G0 X100 Z100 M8 G98； G0 X63 Z3； G71 U1 R0.5； G71 P1 Q2 U0.3 W0.02 F150； N1 G0 X0； G1 Z0 F120； X48；	

续表

序号	加工内容及要求	加工程序代码	加工状态
1	先加工轴的左端部分,包括左端 $\phi50_{-0.025}^{0}$ mm 外径、$\phi38_{-0.025}^{0}$ mm 和 $\phi32_{-0.025}^{0}$ mm 内径,采用先钻孔、后加工的方法,加工到图样尺寸要求	X50 W − 1; Z −54; N2 X62; G0 X100 Z100; T0101 M3 S1600; G0 X62 Z3; G70 P1 Q2; G0 X100 Z100; M5; M0; T0202 M3 S800 (90°镗孔刀); G0 X100 Z100 M8 G98; G0 X23 Z2; G71 U1 R0.5; G71 P3 Q4 U −0.3 W0 F120; N3 G0 X40; G1 Z0 F100; X38 W −1; Z −20; X34; X32 W −1; Z −35; N4 X23; G0 Z100; T0203 M3 S1200; G0 X23 Z2; G70 P3 Q4; G0 Z100; X100; M5; M0; M30;	
2		T0101 M3 S800; G0 X100 Z100 M8 G98; G0 X62 Z3; G71 U1 R0.5; G71 P5 Q6 U0.3 W0.02 F150; N5 G0 X0; G1 Z0 F120; G03 X24 Z −32;	

序号	加工内容及要求	加工程序代码	加工状态
2	掉头加工轴的右端部分，保证总长137 mm，包括圆弧面 R12 mm、R2 mm、1∶10 锥度、ϕ38$_{-0.025}^{0}$mm 和 ϕ26 mm 外径，切槽 5 mm × ϕ26 mm，再加工 M30 × 1.5 螺纹，加工到图样尺寸要求	W – 5； X27.8； X29.8 W – 1； Z – 62； X34； G03 X38 W – 2 R2； G1 X38 Z – 84； X48； X50 W – 1； N6 X62； G0 X100 Z100； T0101 M3 S1600； G0 X62 Z3； G70 P5 Q6； G0 X100 Z100； M5； M0； T0303 M3 S400（3 cm 切槽刀）； G0 X100 Z100 M8 G98； G0 X32 Z – 62； G1 X26.1 F60； G0 X32； Z – 59； G1 X29.8； X27.8 W – 1； X26； Z – 62； W0.5； G0 X100； Z100； M5； M0； T0404 M3 S200（螺纹刀）； G0 X100 Z100 M8； G0 X32 Z – 35； G92 X29.8 Z – 60 F1.5； X29.3； X28.9； X28.6； X28.5； X28.4； X28.3；	

续表

序号	加工内容及要求	加工程序代码	加工状态
2		X28.2； X28.1； X28.05； G0 X100； Z100； M5； M0； M30； T0101 M3 S800； G0 X100 Z100 M8 G98； G0 X62 Z3； G71 U1 R0.5； G71 P5 Q6 U0.3 W0.02 F150； N5 G0 X0； G1 Z0 F120； G03 X24 Z-32； W-5； X27.8； X29.8 W-1； Z-62； X34； G03 X38 W-2 R2； G1 X38 Z-84； X48； X50 W-1； N6 X62； G0 X100 Z100； T0101 M3 S1600； G0 X62 Z3； G70 P5 Q6； G0 X100 Z100； M5； M0； T0303 M3 S400（3 cm 切槽刀）； G0 X100 Z100 M8 G98； G0 X32 Z-62； G1 X26.1 F60； G0 X32； Z-59； G1 X29.8；	

续表

序号	加工内容及要求	加工程序代码	加工状态
2		X27.8 W－1； X26； Z－62； W0.5； G0 X100； Z100； M5； M0； T0404 M3 S200（螺纹刀）； G0 X100 Z100 M8； G0 X32 Z－35； G92 X29.8 Z－60 F1.5； X29.3； X28.9； X28.6； X28.5； X28.4； X28.3； X28.2； X28.1； X28.05； G0 X100； Z100； M5； M0； M30；	

【试题5】 轴类配合零件加工

一、考核准备

1.考场准备

（1）材料准备

名称	规格	数量	要求
45钢	ϕ70 mm×80 mm，ϕ70 mm×90 mm	各1件/每位考生	

（2）设备准备

名称	规格	数量	要求
数控车床	根据考点情况选择		
三爪自定心卡盘	对应工件	1 副/每台机床	
三爪自定心卡盘扳手		1 副/每台机床	

2. 考生准备

序号	名称	规格	数量	要求
1	外圆粗车刀	90°~93°	1	
2	外圆精车刀	90°~93°，35°菱形刀片	1	
3	钻头及刀柄	$\phi25$ mm	1	
4	外螺纹车刀	M30×1.5	1	
5	内孔车刀	$\phi24$ mm	1	
6	平板锉刀		1	
7	薄铜皮	0.05~0.1 mm	1	
8	百分表	分度值0.01 mm	1	
9	游标卡尺	0.02 mm/0~200 mm	1	
10	游标深度尺	0.02 mm/0~200 mm	1	
11	磁性表座		1	
12	螺纹环规	M30×1.5	1	
13	计算器		1	
14	草稿纸		若干	

二、注意事项

1. 本题依据 2005 年颁发的《数控车工》国家职业标准命制。

2. 请根据试题考核要求，完成考试内容。

3. 请服从考评人员指挥，保证考核安全顺利进行。

三、考核要求

1. 本题分值：100 分。

2. 考核时间：240 min。

3. 考核形式：实际操作。

4. 具体考核要求：根据零件图样完成加工。

5. 否定项说明：

（1）出现危及考生或他人安全的状况将中止考试，若是由考生操作失误所致，则该考生该题成绩记零分。

（2）因考生操作失误所致，导致设备故障且当场无法排除将中止考试，该考生该题成绩记零分。

（3）因刀具、工具损坏而无法继续应中止考试。

四、试题零件图

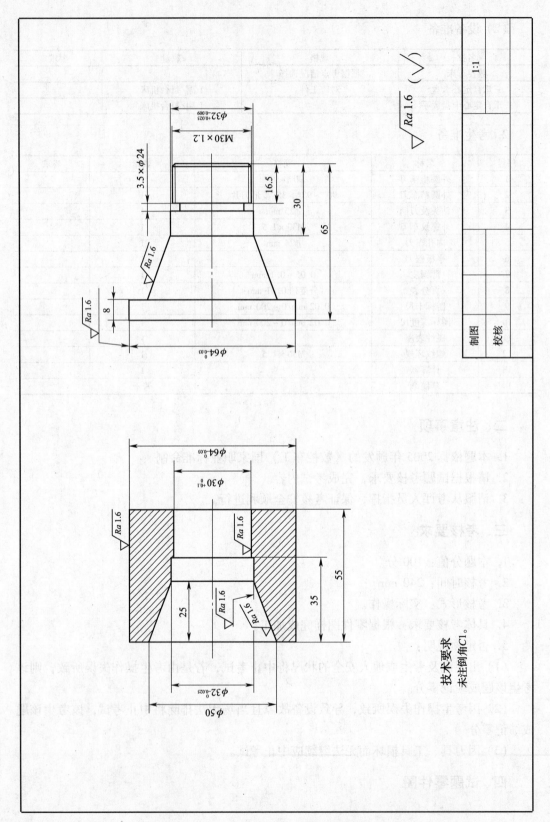

技术要求
未注倒角C1。

五、配分与评分标准

1. 操作技能考试总成绩表

序号	项目名称	配分	得分	备注
1	现场操作规范	10		
2	工件质量	90		
合　计				

2. 现场操作规范评分表

序号	项目	考核内容	配分	考场表现	得分
1	现场操作规范	正确使用机床	2		
2		正确使用量具	2		
3		合理使用刃具	2		
4		设备维护保养	4		
合　计			10		

3. 工件质量评分表

序号	考核项目	扣分标准	配分	得分
1	总长 65 mm	每超差 0.02 mm 扣 1 分	8	
2	外径 $\phi 64_{-0.03}^{0}$ mm	直径每超差 0.01 mm 扣 2 分，长度 8 mm 每超差 0.01 mm 扣 1 分	8	
3	外径 $\phi 32_{-0.009}^{+0.025}$ mm	直径每超差 0.02 mm 扣 1 分，长度 10 mm 每超差 0.01 mm 扣 1 分	8	
4	M30 × 1.2	螺纹中径超差不得分	8	
5	3.5 mm × $\phi 24$ mm	直径每超差 0.01 mm 扣 1 分，长度 3.5 mm 每超差 0.2 mm 扣 1 分	8	
6	长度 16.5 mm	每超差 0.2 mm 扣 1 分	8	
7	倒角 C1 mm	倒角每个不合格扣 2 分	6	
8	外径 $\phi 64_{-0.03}^{0}$ mm	大小端直径每超 0.2 mm 扣 2 分	8	
9	长度 55 mm	超差 0.07 mm 全扣	8	
10	内径 $\phi 32_{-0.025}^{0}$ mm	直径每超差 0.01 mm 扣 1 分，长度 10 mm 每超差 0.2 mm 扣 1 分	10	
11	内径 $\phi 30_{0}^{+0.1}$ mm	直径每超差 0.01 mm 扣 1 分，长度 20 mm 每超差 0.2 mm 扣 1 分	10	
合　计			90	

评分人： 　年 月 日 　　　核分人： 　年 月 日

六、工艺分析

1. 解读零件图

从零件图中可知，此考件为两件配合件，一件是轴件一件是套件。其中包含了外径、圆弧、内外圆锥及配合、螺纹等加工内容。

2. 加工及编程顺序

从零件图分析，两个零件中的轴相对复杂，套相对简单。所以先加工轴再加工套。

（1）根据轴的结构，需要一次性加工 $\phi64_{-0.03}^{0}$ mm 和 $\phi32_{-0.009}^{+0.025}$ mm 外径、锥度，保证尺寸精度，然后加工外槽 3.5 mm×$\phi24$ mm，再加工 M30×1.2 螺纹，最后切断，掉头加工端面，保证长度 65 mm。加工时可先采用外圆粗车复合循环完成粗加工，然后再进行精加工，最后进行螺纹加工。

（2）套的加工根据开料，可一次装夹完成包括钻孔、加工 $\phi32_{-0.025}^{0}$ mm 和 $\phi30_{0}^{+0.1}$ mm 内径、长度 35 mm、倒角以及切断保证长度 55 mm 等内容的加工。同样，内孔可采用 G71 内外圆粗车复合循环完成粗加工，然后再进行精加工。

（3）掉头取套件的总长。

3. 装夹及定位方式

工件编程坐标原点定位在工件右端面与工件轴线的交点上，采用三爪自定心卡盘装夹工件。工件在掉头装夹时必须要按图样标注的几何公差要求进行找正，以保证加工后零件的几何公差。

4. 刀具选用

根据考件的形状和结构，合理选用以下类型的刀具进行加工。

序号	加工内容	刀具名称
1	外轮廓	90°外圆右偏刀
2	钻孔	$\phi26$ mm 麻花钻
3	内孔、内锥面	90°内孔刀
4	外螺纹	60°外三角螺纹刀
5	切断	外切断刀（3 mm）

七、操作解析

序号	加工内容及要求	加工程序代码	加工状态
1		T0101 M3 S800（90°外圆刀）； G0 X100 Z100 M8 G98； G0 X65 Z3； G71 U1 R0.5； G71 P1 Q2 U0.3 W0.02 F150；	

序号	加工内容及要求	加工程序代码	加工状态
1	需要一次性加工 $\phi 64_{-0.03}^{0}$ mm 和 $\phi 32_{-0.009}^{+0.025}$ mm 外径、锥度，保证尺寸精度，然后加工外槽 3.5 mm × $\phi 24$ mm，再加工 M 30×1.2 螺纹，最后切断，掉头加工端面，保证长度 65 mm，加工到图样尺寸要求	N1 G0 X0； G1 Z0 F120； X27.8； X29.8 W−1； Z−20； X30； X32 W−1； Z−30； X50 W−27； X62； X64 W−1； Z−67； N2 X65； G0 X100 Z100； T0101 M3 S1600； G0 X65 Z3； G70 P1 Q2； G0 X100 Z100； M5； M0； T0202 M3 S600（3cm 切槽刀）； G0 X100 Z100 M8 G98； G0 X32 Z−20； G1 X24.1 F80； G0 X32； Z−18.5； G1 X29.8； X27.8 W−1； X24； Z−20； W0.5； G0 X100； Z100； M5； M0； T0303 M3 S200（螺纹刀）； G0 X100 Z100 M8； G0 X32 Z2； G92 X29.8 Z−18 F1.2； X29.3； X28.9；	

序号	加工内容及要求	加工程序代码	加工状态
1		X28.7; X28.6; X28.5; X28.45; X28.44; G0 X100 Z100; M5; M0; M30;	
2	切断工件，保证长度65.5 mm，掉头加工端面，保证长度65 mm	T0202 M3 S250（切断刀）; G0 X100 Z100 M8; G0 X72 Z－68.5; G1 X0 F20; G0 X100; Z100; M30;	
3	工件掉头，一次装夹完成包括钻孔、加工$\phi32_{-0.025}^{0}$ mm和$\phi30_{0}^{+0.1}$ mm内径、长度35 mm、倒角以及切断保证长度55 mm等内容的加工，加工到图样尺寸要求	T0101 M3 S1600; G0 X100 Z100 M8 G98; G0 X64 Z2; G1 X64 F120; Z－57; G0 X100 Z100; M5; M0; T0404 M3 S1000（90°镗孔刀）; G0 X100 Z100 M8 G98; X23 Z2; G71 U1 R0.5; G71 P3 Q2 U－0.3 W0 F150; N3 G0 X50; G1 Z0 F120; X32 Z－25; W－10; X30; Z－56; N4 X23; G0 Z100;	

续表

序号	加工内容及要求	加工程序代码	加工状态
3		T0404 M3 S1200； G0 X23 Z2； G70 P3 Q4； G0 Z100； X100； M5； M0； M30；	
4	切断工件，保证套的总长55 mm	T0202 M3 S250； G0 X100 Z100 M8； G0 X72 Z-58； G1 X0 F20； G0 X100； Z100； M30；	
5	掉头倒角，完成全部加工		

【试题6】 轴类配合零件加工

一、考核准备

1. 考场准备

（1）材料准备

名称	规格	数量	要求
45 钢	$\phi 65$ mm×125 mm, $\phi 65$ mm×60 mm	各1件/每位考生	

（2）设备准备

名称	规格	数量	要求
数控车床	根据考点情况选择		
三爪自定心卡盘	对应工件	1 副/每台机床	
三爪自定心卡盘扳手		1 副/每台机床	

2. 考生准备

序号	名称	规格	数量	要求
1	外圆粗车刀	90°~93°	1	
2	外圆精车刀	90°~93°，35°菱形刀片	1	
3	钻头及刀柄	φ25 mm	1	
4	外螺纹车刀	M30×1.5	1	
5	内孔车刀	φ24 mm	1	
6	平板锉刀		1	
7	薄铜皮	0.05~0.1 mm	1	
8	百分表	分度值0.01 mm	1	
9	游标卡尺	0.02 mm/0~200 mm	1	
10	游标深度尺	0.02 mm/0~200 mm	1	
11	磁性表座		1	
12	螺纹环规	M30×1.5	1	
13	计算器		1	
14	草稿纸		若干	

二、注意事项

1. 本题依据 2005 年颁发的《数控车工》国家职业标准命制。

2. 请根据试题考核要求，完成考试内容。

3. 请服从考评人员指挥，保证考核安全顺利进行。

三、考核要求

1. 本题分值：100 分。

2. 考核时间：240 min。

3. 考核形式：实际操作。

4. 具体考核要求：根据零件图样完成加工。

5. 否定项说明：

（1）出现危及考生或他人安全的状况将中止考试，若是由考生操作失误所致，则该考生该题成绩记零分。

（2）因考生操作失误所致，导致设备故障且当场无法排除将中止考试，该考生该题成绩记零分。

（3）因刀具、工具损坏而无法继续应中止考试。

四、试题零件图

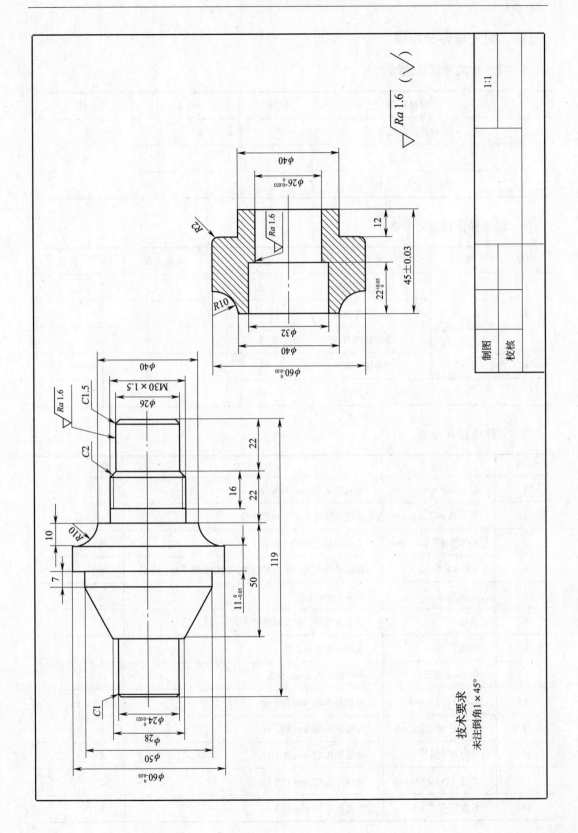

技术要求
未注倒角1×45°

制图

校核

1:1

五、配分与评分标准

1. 操作技能考试总成绩表

序号	项目名称	配分	得分	备注
1	现场操作规范	10		
2	工件质量	90		
合　　计				

2. 现场操作规范评分表

序号	项目	考核内容	配分	考场表现	得分
1	现场操作规范	正确使用机床	2		
2		正确使用量具	2		
3		合理使用刃具	2		
4		设备维护保养	4		
合　　计			10		

3. 工件质量评分表

序号	考核项目	扣分标准	配分	得分
1	总长 119 mm	每超差 0.01 mm 扣 1 分	4	
2	轴外径 $\phi 60_{-0.03}^{0}$ mm	直径每超差 0.02 mm 扣 1 分	6	
3	轴外径 $\phi 24_{-0.021}^{0}$ mm	直径每超差 0.02 mm 扣 1 分	8	
4	M30×1.5	螺纹环规检查，不合格全扣。螺纹长度不足扣 3 分	6	
5	长度 50 mm	超差 1 mm 全扣	4	
6	锥面	大小端直径、长度每超差 0.1 mm 扣 1 分	4	
7	倒角	倒角不合格扣 2 分	6	
8	$R10$ mm 圆弧	半径超差 0.2 mm 全扣	4	
9	长度 $11_{-0.05}^{0}$ mm	每超差 0.02 mm 扣 1 分	8	
10	套外径 $\phi 60_{-0.03}^{0}$ mm	每超差 0.02 mm 扣 1 分	6	
11	内径 $\phi 26_{0}^{+0.033}$ mm	每超差 0.02 mm 扣 1 分	6	
12	长度 (45±0.03) mm	每超差 0.02 mm 扣 1 分	2	
13	长度 $22_{0}^{+0.05}$ mm	每超差 0.02 mm 扣 1 分	6	

续表

序号	考核项目	扣分标准	配分	得分
14	$R10$ mm	大小端直径每超差 0.2 mm 扣 1 分	4	
15	$\phi40$ mm	超差 0.2 mm 全扣	4	
16	配合总长（66 ± 0.05）mm	每超差 0.04 mm 扣 1 分	6	
17	配合 $\phi40$ mm 处	高低差每超差 0.1 mm 扣 2 分	6	
	合　计		90	

评分人：　　　年　月　日　　　核分人：　　　年　月　日

六、工艺分析

1. 解读零件图

从零件图中可知，此考件为两件配合件，一件是轴件一件是套件。其中包含了外径、圆弧、内外圆锥及配合、螺纹等加工内容。

2. 加工及编程顺序

从零件图分析，两个零件中的轴相对复杂，套相对简单。所以先加工轴再加工套。

（1）根据轴的结构，先加工轴的左端部分，包括左端 $\phi24_{-0.021}^{\ 0}$ mm 外径、$\phi50$ mm 外径以及锥度。加工时可先采用外圆粗车复合循环完成粗加工，然后再进行精加工。

（2）掉头加工轴的右端部分，保证总长 119 mm，包括 $R10$ mm、$\phi40$ mm 和 $\phi26$ mm 外径以及 M30×1.5 螺纹。加工时可先采用内外圆粗车复合循环完成粗加工，然后再进行精加工，最后进行螺纹加工。

（3）套的加工根据开料，可一次装夹完成包括钻孔、$\phi60_{-0.03}^{\ 0}$ mm、$\phi40$ mm 外径、$R10$ mm、$\phi32$ mm、$\phi26_{0}^{+0.033}$ mm 内孔以及切槽、切断等内容的加工。同样，内孔可先采用 G71 内外圆粗车复合循环完成粗加工，然后再进行精加工。

（4）掉头取套件的总长。

3. 装夹及定位方式

工件编程坐标原点定位在工件右端面与工件轴线的交点上，采用三爪自定心卡盘装夹工件。工件在掉头装夹时必须要按图样标注的几何公差要求进行找正，以保证加工后零件的几何公差。

4. 刀具选用

根据考件的形状和结构，合理选用以下类型的刀具进行加工。

序号	加工内容	刀具名称
1	外轮廓	90°外圆右偏刀
2	钻孔	$\phi26$ mm 麻花钻
3	内孔、内锥面	90°内孔刀
4	外螺纹	60°外三角螺纹刀
5	切断	外切断刀（3 mm）

七、操作解析

序号	加工内容及要求	加工程序代码	加工状态
1	先加工轴的左端部分，包括左端 $\phi24_{-0.021}^{0}$ mm 外径、$\phi50$ mm 外径以及锥度，加工到图样尺寸要求	T0101 M3 S800（外圆刀）； G0 X100 Z100 M8 G98； G0 X67 Z3； G71 U1.5 R0.5； G71 P1 Q2 U0.3 W0.02 F150； N1 G0 X0； G1 Z0 F120； X22； X24 W−1； Z−25； X28； X50 W−22； G1 W−7； X60； G1 Z−68； N2 X65； G0 X100 Z100； T0101 M3 S1600 G0 X65 Z3； G70 P1 Q2； G0 X100 Z100； M30；	
2	工件掉头，加工轴的右端部分，保证总长 119 mm，包括 $R10$ mm、$\phi40$ mm、$\phi26$ mm 外径以及 M30×1.5 螺纹，加工到图样尺寸要求	T0101 M3 S800（外圆刀）； G0 X100 Z100 M8 G98； G0 X65 Z3； G71 U1 R0.5； G71 P3 Q4 U0.3 W0.02 F150； N3 G0 X0； G1 Z0 F120； X24； X26 W−1； Z−22； X29.8 W−2； Z−44； X40； G02 X60 W−10 R10； G1 Z−65；	

序号	加工内容及要求	加工程序代码	加工状态
2		N4 X65； G0 X100 Z100； T0101 M3 S1600； G0 X65 Z3； G70 P3 Q4； G0 X100 Z100； M5； M0 T0202 M3 S300； G0 X31 Z－18； G92 X29.3 Z－38 F1.5； X29； X28.7； X28.4； X28.05； G0 X100 Z100； M30；	
3	加工套的外轮廓，保证钻孔、$\phi 60_{-0.03}^{0}$ mm、$\phi 40$ mm 外径、$R10$ mm 等内容的加工达到图样尺寸要求	T0101 M3 S1000（外圆刀）； G0 X100 Z100 M8 G98； G0 X65 Z3； G71 U1.5 R0.5； G71 U0.3 W0.03 P5 Q6 F150； N5 G0 X20； G1 Z0 F100； X40； G02 X60 Z－10 R10； G1 Z－48； N6 X65； T0101 M3 S1600； G0 X67Z3； G70 P5 Q6； G0 X100； Z100； M30；	
4		T0404 M3 S300（切断刀）； G0 X62 Z－48； G1 X40.2 F30； G0 X62； Z－46； G1 X40.2； G0 X62； Z－44；	

序号	加工内容及要求	加工程序代码	加工状态
4	加工套的内轮廓，保证 $\phi32$ mm、$\phi26_{0}^{+0.033}$ mm 内孔以及切槽等内容的加工达到图样要求	G1 X40.2; G0 X62; Z −42; G1 X40.2; G0 X62; Z −40; G1 X40.2; G0 X62; Z −38; G1 X40.2; G0 X62; Z −36; G1 X40.2; G0 X62; Z −34; G1 X60; G03 X56 W −2 R2; G1 X40; Z −48; G0 X100; Z100; M5; M0; T0303 M3 S800（内孔刀）; G0 X100 Z100 M8 G98; X22 Z2; G71 U1 R0.5; G71 P7 Q8 U −0.3 W0 F100; N7 G0 X34; G1 Z0 F80; X32 W −2; Z −22; X28; X26 W −1; Z −48; N8 X22; G0 Z100; T0303 M3 S1600; G0 X22 Z2; G70 P7 Q8; G0 Z100; X 100; M 30;	

序号	加工内容及要求	加工程序代码	加工状态
5	切断工件，保证套的总长 45 mm	T0404 M3 S300（切断刀）； G0 X100 Z100； G0 X62 Z-48； G1 X25 F20； G0 X100； Z100； M30；	
6	掉头倒角，完成全部加工		

【试题7】 轴类配合零件加工

一、考核准备

1. 考场准备
（1）材料准备

名称	规格	数量	要求
45 钢	$\phi50$ mm $\times60$ mm，$\phi50$ mm $\times110$ mm	各 1 件/每位考生	

（2）设备准备

名称	规格	数量	要求
数控车床	根据考点情况选择		
三爪自定心卡盘	对应工件	1 副/每台机床	
三爪自定心卡盘扳手		1 副/每台机床	

2. 考生准备

序号	名称	规格	数量	要求
1	外圆粗车刀	90°~93°	1	
2	外圆精车刀	90°~93°，35°菱形刀片	1	
3	钻头及刀柄	φ25 mm	1	
4	外螺纹车刀	M30×1.5	1	
5	内孔车刀	φ24 mm	1	
6	平板锉刀		1	
7	薄铜皮	0.05~0.1 mm	1	
8	百分表	分度值0.01 mm	1	
9	游标卡尺	0.02 mm/0~200 mm	1	
10	游标深度尺	0.02 mm/0~200 mm	1	
11	磁性表座		1	
12	螺纹环规	M30×1.5	1	
13	计算器		1	
14	草稿纸		若干	

二、注意事项

1. 本题依据 2005 年颁发的《数控车工》国家职业标准命制。

2. 请根据试题考核要求，完成考试内容。

3. 请服从考评人员指挥，保证考核安全顺利进行。

三、考核要求

1. 本题分值：100 分。

2. 考核时间：240 min。

3. 考核形式：实际操作。

4. 具体考核要求：根据零件图样完成加工。

5. 否定项说明：

（1）出现危及考生或他人安全的状况将中止考试，若是由考生操作失误所致，则该考生该题成绩记零分。

（2）因考生操作失误所致，导致设备故障且当场无法排除将中止考试，该考生该题成绩记零分。

（3）因刀具、工具损坏而无法继续应中止考试。

四、试题零件图

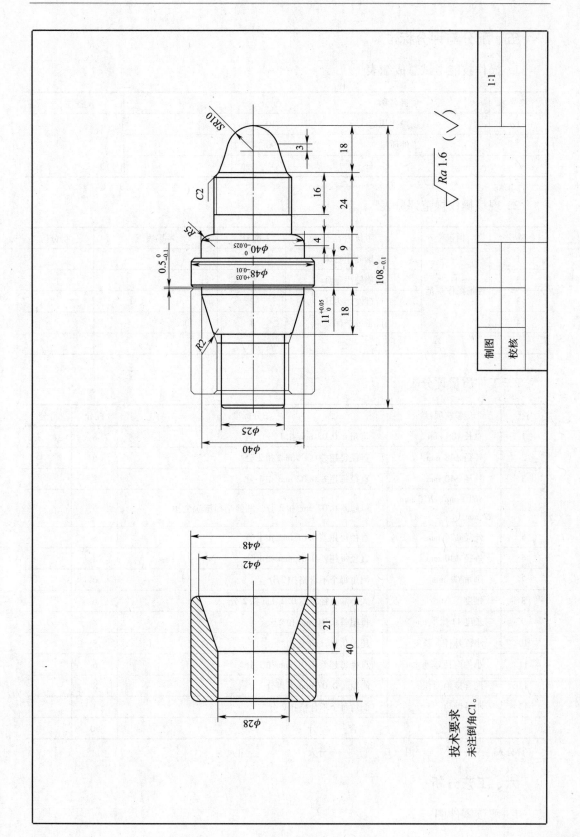

五、配分与评分标准

1. 操作技能考试总成绩表

序号	项目名称	配分	得分	备注
1	现场操作规范	10		
2	工件质量	90		
	合　计			

2. 现场操作规范评分表

序号	项目	考核内容	配分	考场表现	得分
1		正确使用机床	2		
2	现场操作规范	正确使用量具	2		
3		合理使用刃具	2		
4		设备维护保养	4		
	合　计		10		

3. 工件质量评分表

序号	考核项目	扣分标准	配分	得分
1	总长108 mm	每超差0.02 mm扣1分	8	
2	外径ϕ48 mm	直径每超差0.01 mm扣2分	6	
3	外径ϕ40 mm	直径每超差0.02 mm扣1分	8	
4	$SR10$ mm、$R15$ mm、$R2$ mm	每超差0.07 mm扣2分，圆弧半径错误全扣	6	
5	外径ϕ25 mm	直径每超差0.01 mm扣1分	8	
6	外径ϕ40 mm	直径每超差0.01 mm扣1分	8	
7	倒角$C2$ mm	倒角每个不合格扣2分	6	
8	锥度	大小端直径每超0.2 mm扣2分	6	
9	长度$11^{+0.05}_{0}$ mm	每超差0.01 mm扣2分	8	
10	小件外径、长度	超差0.07 mm全扣	8	
11	小件内径ϕ28 mm	直径每超差0.01 mm扣1分	6	
12	配合接触面积	间隙超0.07 mm不得分	8	
13	小件倒角	倒角每个不合格扣2分	4	
	合　计		90	

评分人：　　　年　月　日　　　核分人：　　　年　月　日

六、工艺分析

1. 解读零件图

从零件图中可知，此考件为两件配合件，一件是轴件一件是套件。其中包含了外径、圆弧、内外圆锥及配合等加工内容。

2. 加工及编程顺序

从零件图分析，两个零件中的轴相对复杂，套相对简单。所以先加工轴再加工套。

（1）根据轴的结构，先加工轴的左端部分，包括左端 $\phi 48^{+0.03}_{-0.01}$ mm、$\phi 40$ mm、$\phi 25$ mm外径、锥度、圆弧的加工，保证尺寸精度。加工时可先采用外圆粗车复合循环完成粗加工，然后再进行精加工。

（2）掉头加工轴的右端部分，保证总长 $108^{\ 0}_{-0.1}$ mm，包括圆弧面 $SR10$ mm、$R5$ mm、$C2$ mm、$\phi 40^{\ 0}_{-0.025}$ mm 外径、锥度的加工。加工时可先采用内外圆粗车复合循环完成粗加工，然后再进行精加工。

（3）套的加工根据开料，可一次装夹完成包括钻孔、$\phi 28$ mm、$\phi 42$ mm 内径、长度 21 mm、倒角以及切断等内容的加工。同样，内孔可先采用 G71 内外圆粗车复合循环完成粗加工，然后再进行精加工。

（4）掉头取套件的总长。

3. 装夹及定位方式

工件编程坐标原点定位在工件右端面与工件轴线的交点上，采用三爪自定心卡盘装夹工件。工件在掉头装夹时必须要按图样标注的几何公差要求进行找正，以保证加工后零件的几何公差。

4. 刀具选用

根据考件的形状和结构，合理选用以下类型的刀具进行加工。

序号	加工内容	刀具名称
1	外轮廓	90°外圆右偏刀
2	钻孔	$\phi 26$ mm 麻花钻
3	内孔、内锥面	90°内孔刀
4	外螺纹	60°外三角螺纹刀
5	切断	外切断刀（3 mm）

七、操作解析

序号	加工内容及要求	加工程序代码	加工状态
1		T0101 M3 S800（90°外圆刀）； G0 X100 Z100 M8 G95； G0 X52 Z3； G71 U1 R0.5； G71 P1 Q2 U0.3 W0.02 F150； N1 G0 X0； G1 Z0 F120； G1 X23；	

序号	加工内容及要求	加工程序代码	加工状态
1	先加工轴的左端部分，包括左端 $\phi48^{+0.03}_{-0.01}$ mm、$\phi40$ mm、$\phi25$ mm 外径、锥度、圆弧的加工，保证尺寸精度，加工到图样尺寸要求	X25 Z−1; Z−28; X27.12; G03 X30.96 W−1.37 R2; G1 X40 W−8; W−3; X46; X48 W−1; Z−58; N2 X52; G0 X100 Z100; T0101 M3 S1600; G0 X52 X3; G70 P1 Q2; G0 X100 Z100; M5; M0; M30;	
2	工件掉头，加工轴的右端部分，保证总长 $108^{0}_{-0.1}$ mm，包括圆弧面 $SR10$ mm、$R5$ mm、$R2$ mm、$\phi40^{0}_{-0.025}$ mm 外径、锥度的加工，加工到图样尺寸要求	T0101 M3 S800; G0 X100 Z100 M8 G98; G0 X52 Z3; G71 U1 R0.5; G71 P3 Q4 U0.3 W0.02 F150; N3 G0 X0; G1 Z0 F120; G03 X19.08 Z−7 R10; G1 X26 Z−18; X29.8 W−2; W−24; X34; G03 X40 W−4 R5; G1 Z−51; X46; X48 W−1; N4 X52; G0 X100 Z100; T0101 M3 S1600; G0 X52 Z3; G70 P3 Q4;	

序号	加工内容及要求	加工程序代码	加工状态
2		G0 X100 Z100； M5； M0； T0203 M3 S200（螺纹刀）； G0 X100 Z100； G0 X32 Z－16； G92 X29.8 Z－34 F1.5； X29.3； X28.9； X28.7； X28.5； X28.4； X28.3； X28.2； X28.1； X28.05； G0 X100； Z100； M5； M0； M30；	
3	加工套的外轮廓，保证 $\phi48$ mm 外径，倒角到图样尺寸要求	T0101 M3 S800； G0 X100 Z100 M8 G98； G0 X52 Z3； G71 U1 R0.5； G71 P5 Q6 U0.3 W0.02 F130； N5 G0 X20； G1 Z0 F120； X46； X48 W－1； Z－41； N6 X52； G0 X100 Z100； T0101 M3 S1600； G0 X52 Z3； G70 P5 Q6； G0 X100 Z100； M30；	

序号	加工内容及要求	加工程序代码	加工状态
4	加工套的内轮廓，保证内孔 $\phi28$ mm、$\phi42$ mm 尺寸、长度 21 mm 达到图样要求	T0303 M3 S800（90°镗孔刀）； G0 X100 Z100 M8 G98； G0 X23 Z3； G71 U1 R0.5； G71 P5 Q6 U－0.3 W0.02 F150； N5 G0 X42； G1 Z0 F120； X28 Z－21； Z－42； N6 X23； G0 Z100； X100； T0303 M3 S1400； G0 X23 Z2； G70 P5 Q6； G0 Z100； X100； M5； M0； M30；	
5	切断工件。保证套的总长 40 mm	T0404 M3 S300(切断刀)； G0 X100 Z100； G0 X52 Z－43； G1 X25 F20； G0 X100； Z100； M30；	
6	掉头倒角，完成全部加工		

【试题8】 轴类配合零件加工

一、考核准备

1. 考场准备

（1）材料准备

名称	规格	数量	要求
45 钢	$\phi50$ mm×40 mm，$\phi50$ mm×100 mm	各1件/每位考生	

（2）设备准备

名称	规格	数量	要求
数控车床	根据考点情况选择		
三爪自定心卡盘	对应工件	1 副/每台机床	
三爪自定心卡盘扳手		1 副/每台机床	

2. 考生准备

序号	名称	规格	数量	要求
1	外圆粗车刀	90°~93°	1	
2	外圆精车刀	90°~93°，35°菱形刀片	1	
3	钻头及刀柄	$\phi25$ mm	1	
4	外螺纹车刀	M30×1.5	1	
5	内孔车刀	$\phi24$ mm	1	
6	平板锉刀		1	
7	薄铜皮	0.05~0.1 mm	1	
8	百分表	分度值 0.01 mm	1	
9	游标卡尺	0.02 mm/0~200 mm	1	

续表

序号	名称	规格	数量	要求
10	游标深度尺	0.02 mm/0～200 mm	1	
11	磁性表座		1	
12	螺纹环规	M30×1.5	1	
13	计算器		1	
14	草稿纸		若干	

二、注意事项

1. 本题依据 2005 年颁发的《数控车工》国家职业标准命制。
2. 请根据试题考核要求，完成考试内容。
3. 请服从考评人员指挥，保证考核安全顺利进行。

三、考核要求

1. 本题分值：100 分。
2. 考核时间：240 min。
3. 考核形式：实际操作。
4. 具体考核要求：根据零件图样完成加工。
5. 否定项说明：

（1）出现危及考生或他人安全的状况将中止考试，若是由考生操作失误所致，则该考生该题成绩记零分。

（2）因考生操作失误所致，导致设备故障且当场无法排除将中止考试，该考生该题成绩记零分。

（3）因刀具、工具损坏而无法继续应中止考试。

四、试题零件图

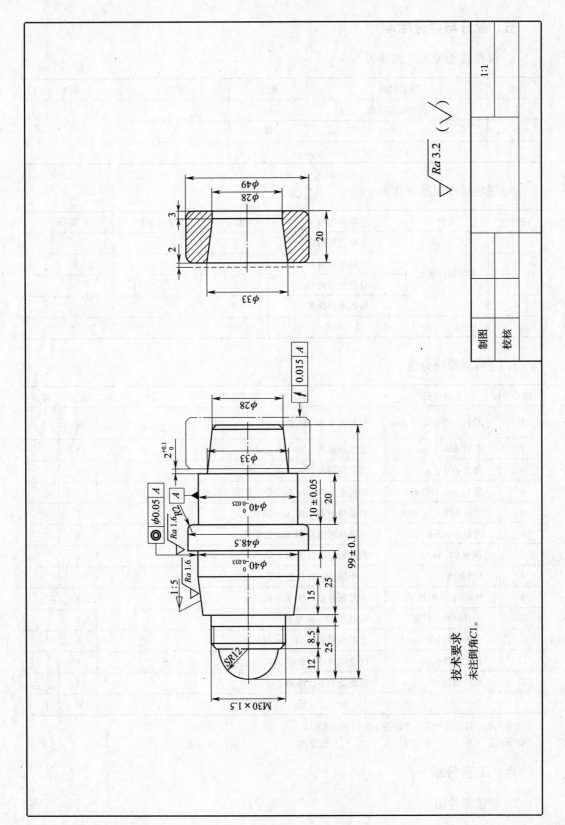

技术要求
未注倒角C1。

$\sqrt{Ra\,3.2}$ （$\sqrt{}$）

1:1

制图

校核

五、配分与评分标准

1. 操作技能考试总成绩表

序号	项目名称	配分	得分	备注
1	现场操作规范	10		
2	工件质量	90		
合　计				

2. 现场操作规范评分表

序号	项目	考核内容	配分	考场表现	得分
1		正确使用机床	2		
2	现场操作规范	正确使用量具	2		
3		合理使用刃具	2		
4		设备维护保养	4		
合　计			10		

3. 工件质量评分表

序号	考核项目	扣分标准	配分	得分
1	总长（99±0.1）mm	每超差 0.02 mm 扣 1 分	8	
2	外径 ϕ48.5 mm	直径每超差 0.01 mm 扣 2 分	6	
3	外径 $\phi40^{\ 0}_{-0.033}$ mm	直径每超差 0.02 mm 扣 1 分	8	
4	SR12 mm、R2 mm	每超差 0.07 mm 扣 2 分，圆弧半径错误全扣	6	
5	外径 $\phi40^{\ 0}_{-0.025}$ mm	直径每超差 0.01 mm 扣 1 分	8	
6	外径 ϕ33 mm	直径每超差 0.01 mm 扣 1 分	8	
7	倒角 C1 mm	倒角每个不合格扣 2 分	6	
8	1∶5 锥度	大小端直径每超差 0.2 mm 扣 2 分	6	
9	M30×1.5 螺纹	中径每超差 0.01 mm 扣 2 分	8	
10	小件外径、长度	超差 0.07 mm 全扣	8	
11	小件内径 ϕ28 mm	直径每超差 0.01 mm 扣 1 分	6	
12	锥度接触面积	配合间隙超过 0.07 mm 每超差 0.2 mm 扣 1 分	8	
13	小件倒角	倒角每个不合格扣 2 分	4	
合　计			90	

扣分说明：凡未注公差尺寸超差±0.07 mm 全扣。

评分人：　　年 月 日　　　　核分人：　　年 月 日

六、工艺分析

1. 解读零件图

从零件图中可知，此考件为两件配合件，一件是轴件一件是套件。其中包含了外径、圆弧、内外圆锥及配合、螺纹等加工内容。

2. 加工及编程顺序

从零件图分析，两个零件中的轴相对复杂，套相对简单。所以先加工轴再加工套。

(1) 根据轴的结构，先加工轴的右端部分，包括右端 $\phi48.5$ mm、$\phi40_{-0.025}^{0}$ mm、$\phi33$ mm外径，$R2$ mm 圆弧、锥度。加工时可先采用外圆粗车复合循环完成粗加工，然后再进行精加工。

(2) 掉头加工轴的左端部分，保证总长 (99 ± 0.1) mm，包括圆弧面 $SR12$ mm、1:5 锥度、$\phi40_{-0.033}^{0}$ mm 外径、M30×1.5 螺纹。加工时可先采用内外圆粗车复合循环完成粗加工，然后再进行精加工，最后进行螺纹加工。

(3) 套的加工根据开料，可一次装夹完成包括钻孔、$\phi28$ mm 内径、长度 20 mm、倒角、切断等内容的加工。同样，内孔可先采用 G71 内外圆粗车复合循环完成粗加工，然后再进行精加工。

(4) 掉头取套件的总长。

3. 装夹及定位方式

工件编程坐标原点定位在工件右端面与工件轴线的交点上，采用三爪自定心卡盘装夹工件。工件在掉头装夹时必须要按图样标注的几何公差要求进行找正，以保证加工后零件的几何公差。

4. 刀具选用

根据考件的形状和结构，合理选用以下类型的刀具进行加工。

序号	加工内容	刀具名称
1	外轮廓	90°外圆右偏刀
2	钻孔	$\phi26$ mm 麻花钻
3	内孔、内锥面	90°内孔刀
4	外螺纹	60°外三角螺纹刀
5	切断	外切断刀（3 mm）

七、操作解析

序号	加工内容及要求	加工程序代码	加工状态
1		T0101 M3 S800（90°外圆刀）； G0 X100 Z100 M8 G98； G0 X52 Z3； G71 U1 R0.5； G71 P1 Q2 U0.3 W0.02 F150； N1 G0 X0； G1 Z0 F120； X25；	

序号	加工内容及要求	加工程序代码	加工状态
1	先加工轴的右端部分，包括右端 $\phi48.5$ mm、$\phi40_{-0.025}^{0}$ mm、$\phi33$ mm 外径、$R2$ mm 圆弧、锥度，加工到图样尺寸要求	X28 W－1.5； X33 Z－19； X37； X40 W－1.5； Z－39； X44.5； G03 X48.5 W－2 R2； C1 Z－52； N2 X52； G0 X100 Z100； T0101 M3 S1600； G0 X52 Z3； G70 P1 Q2； G0 X100 Z100； M5； M0； M30；	
2	工件掉头，加工轴的左端部分，保证总长 (99 ± 0.1) mm，包括圆弧面 $SR12$ mm、$1:5$ 锥度、$\phi40_{-0.033}^{0}$ mm 外径、M30 × 1.5 螺纹，加工到图样尺寸要求	T0101 M3 S800； G0 X100 Z100 M8 G98； G0 X52 Z3； G71 U1 R0.5； G71 P3 Q4 U0.3 W0.02 F150； N3 G0 X0； G1 Z0 F120； G03 X24 Z－12 R12； G1 X26.8； X29.8 W－1.5； Z－25； X37； X40 W－15； Z－50； X45.5； X48.5 W－1.5； N4 X52； G0 X100 Z100； T0101 M3 S1600； G0 X52 Z3； G70 P3 Q4； G0 X100 Z100； M5；	

续表

序号	加工内容及要求	加工程序代码	加工状态
2		M0； T0202 M3 S200（螺纹刀）； G0 X100 Z100 M8； G0 X32 Z－10； G92 X29.8 Z－20.5 F1.5； X29.3； X28.9； X28.7； X28.5； X28.3； X28.2； X28.1； X28.05； G0 X100 Z100； M5； M0； M30；	
3	加工套的外轮廓，保证φ49 mm 外径，倒角到图样尺寸要求	T0101 M3 S1200； G0 X100 Z100 M8 G98； G0 X52 Z3； G1 X46 F100； Z0； X49 W－1.5； Z－22； G0 X100 Z100； M5； M0； M30；	
4	加工套的内轮廓，保证包括钻孔、φ28 mm 内径、倒角等内容的加工，达到图样要求	T0303 M3 S800（90°镗孔刀）； G0 X100 Z100 M8 G98； G0 X23 Z2； G71 U1 R0.2； G71 P5 Q6 U－0.03 W0.02 F150； N5 G0 X33； G1 Z0 F120； X28 Z－17； Z－22； N6 X23；	

续表

序号	加工内容及要求	加工程序代码	加工状态
4		G0 Z100； X100； T0303 M3 S1600； G0 X23 Z2； G70 P5 Q6； G0 Z100； X100； M5； M0； M30；	
5	切断工件。 保证套的总长 20 mm	T0404 M3 S300（切断刀）； G0 X100 Z100； G0 X52 Z－23； G1 X25 F20； G0 X100； Z100； M30；	
6	掉头倒角， 完成全部加工		

【试题9】　轴类零件加工

一、考核准备

1. 考场准备

（1）材料准备

名称	规格	数量	要求
45 钢	ϕ90 mm×140 mm	各1件/每位考生	

（2）设备准备

名称	规格	数量	要求
数控车床	根据考点情况选择		
三爪自定心卡盘	对应工件	1 副/每台机床	
三爪自定心卡盘扳手		1 副/每台机床	

2. 考生准备

序号	名称	规格	数量	要求
1	外圆粗车刀	90°~93°	1	
2	外圆精车刀	90°~93°，35°菱形刀片	1	
3	钻头及刀柄	$\phi 25$ mm	1	
4	外螺纹车刀	M30×1.5	1	
5	内孔车刀	$\phi 24$ mm	1	
6	平板锉刀		1	
7	薄铜皮	0.05~0.1 mm	1	
8	百分表	分度值 0.01 mm	1	
9	游标卡尺	0.02 mm/0~200 mm	1	
10	游标深度尺	0.02 mm/0~200 mm	1	
11	磁性表座		1	
12	螺纹环规	M30×1.5	1	
13	计算器		1	
14	草稿纸		若干	

二、注意事项

1. 本题依据 2005 年颁发的《数控车工》国家职业标准命制。

2. 请根据试题考核要求，完成考试内容。

3. 请服从考评人员指挥，保证考核安全顺利进行。

三、考核要求

1. 本题分值：100 分。

2. 考核时间：240 min。

3. 考核形式：实际操作。

4. 具体考核要求：根据零件图样完成加工。

5. 否定项说明：

（1）出现危及考生或他人安全的状况将中止考试，若是由考生操作失误所致，则该考生该题成绩记零分。

（2）因考生操作失误所致，导致设备故障且当场无法排除将中止考试，该考生该题成绩记零分。

（3）因刀具、工具损坏而无法继续应中止考试。

四、试题零件图

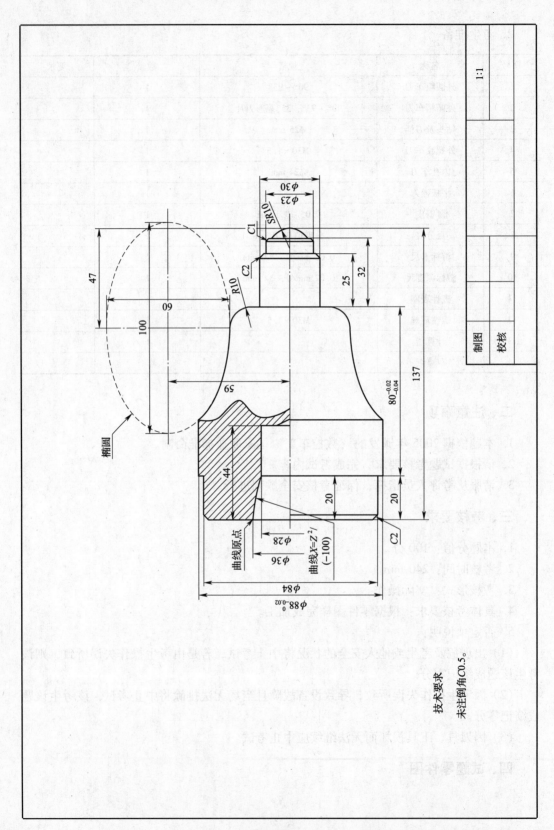

技术要求
未注倒角C0.5。

五、配分与评分标准

1. 操作技能考试总成绩表

序号	项目名称	配分	得分	备注
1	现场操作规范	10		
2	工件质量	90		
	合　　计			

2. 现场操作规范评分表

序号	项目	考核内容	配分	考场表现	得分
1		正确使用机床	2		
2	现场操作规范	正确使用量具	2		
3		合理使用刃具	2		
4		设备维护保养	4		
	合　　计		10		

3. 工件质量评分表

序号	考核项目	扣分标准	配分	得分
1	总长 137 mm	每超差 0.02 mm 扣 1 分	6	
2	外径 $\phi 88_{-0.02}^{0}$ mm	每超差 0.01 mm 扣 2 分	8	
3	外径 $\phi 84$ mm	每超差 0.02 mm 扣 1 分	8	
4	长度 20 mm	每超差 0.02 mm 扣 1 分	6	
5	长度 $80_{-0.04}^{-0.02}$ mm	每超差 0.01 mm 扣 2 分	8	
6	内孔抛物线	超差 0.07 mm 全扣	6	
7	内孔 $\phi 28$ mm	每超差 0.01 mm 扣 2 分	8	
8	内孔深度 24 mm	每超差 0.02 mm 扣 1 分	6	
9	椭圆面	超差 0.07 mm 全扣	6	
10	$R10$ mm 圆弧	每超差 0.07 mm 扣 2 分，圆弧半径错误全扣	6	
11	$SR10$ mm 球面	每超差 0.07 mm 扣 2 分，圆弧半径错误全扣	6	
12	外径 $\phi 23$ mm	每超差 0.01 mm 扣 2 分	8	
13	外径 $\phi 30$ mm	每超差 0.01 mm 扣 2 分	8	
	合　　计		90	

扣分说明：凡注有公差尺寸，每超差 0.02 mm 扣 2 分；未注公差尺寸超差 ±0.07 mm 全扣。

评分人：　　　年 月 日　　　　核分人：　　　年 月 日

六、工艺分析

1. 解读零件图

从零件图中可知，此考件为轴类零件。其中包含了外径、圆弧、椭圆、外圆锥等加工内容。

2. 加工及编程顺序

从零件图分析，此零件轴相对复杂。其加工工艺如下。

（1）根据轴的结构，先加工轴的左端部分，包括左端 $\phi88_{-0.02}^{0}$ mm、$\phi84$ mm 外径、内径 $\phi28$ mm、抛物线等。加工时可先采用外圆粗车复合循环完成粗加工，然后再进行精加工。

（2）掉头加工轴的右端部分，保证总长 137 mm，包括椭圆 50 mm×30 mm、$\phi23$ mm、$\phi30$ mm 外径、$SR10$ mm、$R10$ mm。加工时可先采用内外圆粗车复合循环完成粗加工，然后再进行精加工。

3. 装夹及定位方式

工件编程坐标原点定位在工件右端面与工件轴线的交点上，采用三爪自定心卡盘装夹工件。工件在掉头装夹时必须要按图样标注的几何公差要求进行找正，以保证加工后零件的几何公差。

4. 刀具选用

根据考件的形状和结构，合理选用以下类型的刀具进行加工。

序号	加工内容	刀具名称
1	外轮廓	90°外圆右偏刀
2	钻孔	$\phi26$ mm 麻花钻
3	内孔、内锥面	90°内孔刀
4	外螺纹	60°外三角螺纹刀
5	切断	外切断刀（3 mm）

七、操作解析

序号	加工内容及要求	加工程序代码	加工状态
1	先加工轴的左端部分，包括左端 $\phi88_{-0.02}^{0}$ mm、$\phi84$ mm 外径、内径 $\phi28$ mm、抛物线等，加工到图样尺寸要求	T0101 M3 S800（外圆刀）; G0 X100 Z100 M8 G98; G0 X90 Z3; G71 U1.5 R0.5; G71 P1 Q2 U0.3 W0.02 F150; N1 G0 X0; G1 Z0 F120; X80; X84 W-2; Z-20; X88; Z-55; N2 X90; G0 X100 Z100;	曲线原点 44 $\phi28$ $\phi36$ $\phi84$ $\phi88_{-0.02}^{0}$ 20 曲线 $X=Z^2/(-100)$ 20 C2 46.7 55

序号	加工内容及要求	加工程序代码	加工状态
1		T0101 M3 S1600； G0 X90 Z3； G70 P1 Q2； G0 X100 Z100； M30；	
2	工件掉头，加工轴的右端部分，保证右端部分总长137 mm，包括椭圆50 mm×30 mm、ϕ23 mm、ϕ30 mm外径、SR10 mm、R10 mm，加工到图样尺寸要求	T0101 M3 S800（外圆刀）； G0 X100 Z100 M8 G98； G0 X90 Z3； G71 U1 R0.5； G71 P3 Q4 U0.3 W0.02 F150； N3 G0 X0； G1 Z0 F120； G03 X17.32 Z-5 R10； G1 X21 X23 W-1； Z-12； X26； X30 W-2； Z-37； X38； G03 X58 W-10 R10； N4 X90； G0 X100 Z100； T0101 M3 S1600； G0 X90 Z3； G70 P3 Q4； G0 X100 Z100； M30；	